明賠暗賺

韋爾——著

追求財富的贏家

世界第一商人的經商智慧

猶太民族的智慧，
包含了一些永不消逝的溫情與魅力的偉大東西，

**就像玫瑰色的晨星，閃耀在寂寞的清晨，
那是對於人類靈魂永恆秘密的充滿激情的探索**

引言

「三個猶太人坐在一起，就可以決定世界！」

「世界的錢，裝在美國人的口袋裡；美國人的錢，卻裝在猶太人的口袋裡。」

這是對猶太人非凡智慧的盛讚。

有著數千年文明的猶太民族，雖然沒有給人類留下什麼特別值得驕傲的宮殿和建築，也沒有給人類留下美妙動聽的音樂，卻給我們留下了永恆的智慧，而這智慧正是一切財富的根源。也正是憑藉著這些智慧，到了最近一千年左右，猶太人登上了「世界第一商人」的寶座，他們在其他領域的成就，也讓世人刮目相看。

在世界民族之林中，很難再找到一個民族像猶太民族那樣，在五千多年的歷史中，竟有兩千多年流離失所、行走天涯，且屢遭屠戮。他們沒有國家、沒有政府，他們在世界各地流浪，沒有一種力量可以保護他們的安全。他們流浪到各地，可以說沒有權力、沒有地位、沒有尊嚴，但他們總能憑藉自己神奇的智慧去擁有巨大的財富。有了錢，他們就獲得了統治者眼裡的價值，也就獲得了自己生存的條件。從某種意義上來說，是金錢爲他們贏得了尊嚴和生存的權利。

毋庸置疑，猶太人十分能幹。也許正因如此，上帝賜給他們的「應許之地」貧瘠無比：地上少內河，地下無礦藏，一半的國土是荒漠。然而，流散世界兩千多年後，他們竟在這樣的環境中復興故國，讓荒漠變成綠洲，農業、教育、科技和軍事都很發達，就連間諜水準，都不時讓美國中央情報局和前蘇聯**KGB**嘆爲觀止。

這樣一個偉大的民族，自然讓世界爲之震驚，並引起了世人廣泛的關注與研究。

本書就是透過對猶太民族的財富、經商、生活、教育、處世、信仰等十餘個方面的詳盡介紹，力圖對猶太民族的智慧做一個全方位的立體展示。

偉大的文學泰斗托爾斯泰曾說：「猶太民族的智慧，包含了一些永不消逝的溫情與魅力的偉大東西，就像玫瑰色的晨星，閃耀在寂寞的清晨，那是對於人類靈魂永恆秘密的充滿激情的探索。」

他山之石，可以攻玉。讓我們循著猶太智者的足跡，去探尋人類靈魂深處永恆的秘密吧！

CONTENTS

目錄

追求財富的贏家

CONTENTS

CONTENTS

CONTENTS

追求財富的贏家

PART 1

第一章

商界巨擘，誰與爭鋒

了不起的猶太人

一個執掌世界金庫鑰匙的民族

猶太民族是一個古老的民族，在人類文明史上占有極其重要的地位。

猶太民族有自己國家的歷史並不長，但是猶太人卻爲人類文明做出了巨大的貢獻。古代猶太人對人類文明的貢獻僅次於古埃及人，近代猶太人則給世界帶來了商業的高度繁榮、資本主義浪潮的興起、馬克思主義、古典政治經濟學、相對論和精神分析學等。

猶太民族是世界上最富有的民族，有「世界的金庫」之美稱。猶太人口在世界所占的比例僅爲0.3％，卻掌握著世界經濟的命脈。在經濟高度發達的美國，猶太人所占人口的比例僅爲3％，但是根據《財富》雜誌所評選出來的超級富翁中，猶太裔企業家卻占20％～25％；而在全世界最有錢的企業家中，猶太人竟然占了一半。

談到猶太人對世界所產生的重大影響，有人這樣說：「三個猶太人坐在一起，就可以決定世界！」

關於猶太人的財富問題，有這樣一個非常經典的說法——世界的錢，裝在美國人的口袋裡；美國人的錢，卻裝在猶太人的口袋裡。這樣一個偉大的民族，自然讓

世界爲之震驚，並引起了世人廣泛的關注與研究。

眾所周知，猶太人最讓人欽佩的是他們非常的富有，以及神奇的賺錢能力。猶太人是個像謎一樣的民族，他們是世界上的少數人種，但是卻掌握了世界上龐大的資產；他們遭受了千年的凌辱、倍受打擊，四處流浪卻十分的富有。他們天馬行空，行爲詭秘，讓世人覺得神秘莫測；他們原本沒有什麼資本，但是卻始終處於財富的頂峰。

於是乎，猶太人的金錢問題是大家非常關注的焦點，幾乎所有的人對於猶太人擁有的巨大財富，都產生了濃厚的興趣。基督教的牧師對之詆毀，說猶太人是金錢的魔鬼；世間的貴族和王侯們爲了得到猶太人的金錢，處心積慮；反猶太主義者對於猶太人所掌握的龐大金錢更是暴跳如雷，卻又毫無辦法，而猶太人對自己所掌握的巨大財富深爲自豪而且諱莫如深。他們的發財秘密從來不傳於外人。世人對他們發財的神奇秘訣，感到不可思議的震驚和羨慕。

權威人士推測，猶太人約占全美最富有的人的20%。可以說，猶太人是名副其實的世界上最富有的商人。

在富有的商業大亨中，猶太人群體龐大，數不勝數。比如實業界的一部分比較突出的猶太人或猶太血統的人中，就包括波拉勞埃德公司的埃德溫・蘭德、西方石油公司的利昂・赫斯、哥倫比亞廣播公司的威廉・佩利、西北工業公司的本・海涅曼、三角出版公司沃爾特・安尼伯格、聯合食品公司的內森・卡明斯、杜邦公司新來的歐文・夏皮羅、大陸穀物公司的米歇爾・弗里堡、MOA的劉易斯・沃瑟曼、迅捷公司的米蘇萊姆・里克利斯、波斯納家族企業的維克托・波斯納、海灣和西方工業公司的查爾斯・布盧德霍恩、伯勒斯公司財政部以及本迪克斯公司的米歇爾・布盧門切爾、西格萊姆斯公司的埃德加・布朗夫曼，還有聯邦廣播公司的倫納德・戈登森等。

在範圍最廣、最權威性的猶太聯合會和福利基金聯合會所作的「美國猶太人口研究」中發現，在二十世紀七〇年代，猶太人家庭平均收入爲一萬二千六百三十美元。而同期美國平均值爲九千八百六十七美元，比其他人收入高38%以上。

事實上，猶太人的確構成了上層階級中一個頗爲可觀的部分。在五千三百萬個美國家庭中，有一千三百萬個家庭可以歸入中產階層，而一百萬個猶太人家庭中，有近九十萬個家庭可以歸入中產階層。猶太人占美國人口的3%，但是43%的猶太人家庭收入超過了一萬六千美元，而美國其他民族只有25%的家庭收入超過了一萬五千美元。可以這樣說，猶太人中、上層階級的收入比例，高出美國其他人平均收入近一倍。他們中有一半過著資產階級的奢侈生活，這些引得世人對他們的極大嫉妒。

應該說，猶太人的富有是和他們的宗教分不開的，是上帝特選之民的榮譽感激發著他們。他們改變了這個世界，猶太人是偉大的，他們的精神來源則是猶太教。人們都試圖從他們的神秘文化和引導他們賺錢的宗教這個最爲基本的層面，來深入解析他們的財富秘密。

《塔木德》——猶太人的智慧基因庫

說起猶太人的宗教，就不能不先說一說他們的《塔木德》。

《塔木德》是兩千位學者在一千多年的討論和研究中寫成的，他們把這些學者的主要觀點和意見寫出來，是大家相對集中思想的表達，其本身並沒有一個確定的答案。因此，嚴格地說，它不是一部律法書，而是一部自己研究和探索的書，每一個猶太人的研究，都是他自己的見解和觀點。猶太人在一起學習《塔木德》的時候，也是他們互相交流和學習心得的過程。

作爲一部宗教經典，《塔木德》更像是猶太民族的一個智慧基因庫，它同樣也是猶太商業智慧的基因庫。整部著作通俗易懂、睿智雋永，成了猶太人行爲的指南，同時也對處於流散狀態的猶太人維護民族統一性，加強凝聚力起到了無比重大的作用。

《塔木德》凝聚了猶太學者對自己民族智慧的發掘、思考和提煉，是整個猶太民族生活方式的航圖，是滋養世世代代猶太人的土壤，也是其他民族瞭解猶太文化、接觸猶太智慧的必經之道。《聖經》已爲基督教吸收，而《塔木德》也成了猶太人眞正的衣缽。到處流浪的猶太人，隨身攜帶著這本書，去尋求自己的夢想。

猶太人從來沒有終止過他們對《塔木德》的研讀。猶太人從小就受《塔木德》的薰陶，他們的父母在他們三歲時，便在書上滴上幾滴蜂蜜，讓他們去舔，以此來形成對這本書良好的第一印象。長大後，更是每天都要抽出一段時間來研讀，他們會在安息日中特意安排幾小時來潛心學習《塔木德》，其態度甚篤，有時幾小時才學了十幾句，他們也會高興地說：「只要理解了這十幾句，能把握其要義，就會使自己變得聰明而豐富。」凡客人來訪或聚會，猶太人總會相互交流一下學習的心得。學完一部《塔木德》則被視爲是一件大事，那是一定要好好慶祝一番的。

有一個人想學習《塔木德》，但是他覺得《塔木德》特別的艱澀難懂，便產生了放棄的念頭，於是他找到拉比（夫子的意思）訴說了自己的痛苦。

拉比把他請到了一個房間，房間上面懸掛著一個裝有水果的籃子。於是拉比對他說：「你想吃水果嗎？如果想吃的話，把這個籃子摘下來就可以了。」可是屋子裡沒有梯子，他根本夠不到那麼高的水果籃子。他惶惑地看著拉比。拉比看著他，問他：「如果這個籃子眞的夠不到，那麼是誰把它掛上去的呢？」他還是不解，拉比只好說：「《塔木德》並不是要人們無法理解它，而是希望人們明白它，既然有人能寫出來，那麼爲什麼你不能理解它呢？」

於是，拉比又講了一個《塔木德》裡記載的故事：

一個人想改信猶太教，但是對猶太教的教義不瞭解，他希望別人在「一隻腳可以站立的時間裡」告訴他「全部猶太教的學問」。著名的拉比希勒爾接見了他，他剛一抬起腳，希勒爾就已經把「全部猶太教的學問」告訴了他：「不要對別人做連你自己都厭惡的事，這就是《塔木德》的全部學問，其他的都是評注，去學習吧。」

其實，很多東西是很簡單的，只是人爲地將它複雜化了，只要你掌握其中主要的一些規則，就可以了。

在猶太人的社會中，《塔木德》已經成爲猶太人不可分割的一部分，成爲了猶太人的靈魂和頭腦。正因爲如此，猶太人被稱作「書的民族」，也就是「一本書的民族」，其涵義就是說，猶太人的生活被限定在「一本書」的範圍之內。猶太民族的律法精神，集中展現在他們的經典《塔木德》中。

對於猶太民族，律法的意義完全不同於其他任何一個民族。猶太民族從一開始就是一個流動不定的部族，部落構成混雜，定居不久又被驅趕著湧入大流散的洪流，以致造成猶太民族在民族邊界的標誌上，缺乏血緣和地域這兩個最基本的要素。事實上，就其內部紐帶而論，能使猶太民族在四散分居的狀態下延續下來的，便是上帝的律法。猶太民族在種族意義上是一個開放的民族，它以是否遵守上帝的律法來確定民族成員的身分。

猶太人通常被稱作一個「商人的民族」。而在許多時候，又常被稱爲「律法的民族」。這兩個名稱相互之間沒有一點衝突，完全可以合二爲一，即「商法的民族」。

《塔木德》並非是律法問題唯一的權威性解釋。猶太教育鼓勵人們獨立思考。學生在猶太經學院中，即使把《塔木德》背得滾瓜爛熟，也不能算是一個好學生，因爲《塔木德》中都是別人的討論意見，你並沒有融會貫通地發表自己的見解。《塔木德》是一部猶太律法的百科全書，內容包羅萬象，可以供你參考借鑑，但絕不是行動的指南。《塔木德》是許多猶太學者的智慧結晶，研讀者可以同意這一位學者的看法，不同意另一位學者的意見。

《塔木德》專門記錄了這樣一個故事來說明這個問題：

米姆爾問他的朋友史耐依：「你在法理學院學習，你可以給我講講什麼是猶太法典嗎？」

史耐依說：「米姆爾，我可以給你舉個例子來解釋，我可以先向你提個問題嗎？如果有兩個猶太人從一個高大的煙囪裡掉了下去，其中一個身上滿是煙灰，而另一個卻很乾淨，那麼，他們誰會去洗洗身子呢？」

「當然是那個身上髒了的人！」

「你錯了，那個人看著沒有弄髒身子的人，想道：『我的身上一定也是乾淨的』，而身上乾淨的人看到滿是煙灰的另一個人，就認爲自己可能和他一樣髒。所以，他要去洗澡。」

「見鬼！」米姆爾大聲地叫了一句。

「我要再問第二個問題，他們兩個人後來再次掉進了高大的煙囪——誰會去洗澡呢？」史耐依問道。

「這我就知道了，是那個乾淨的人！」

「不！你又錯了，身上乾淨的人在洗澡時發現自己並不太髒，而那個弄髒了的人則相反。他明白了那位乾淨的人爲什麼要去洗澡。因此，這次他跑去洗了。」

「我再問你第三個問題，他們兩個人第三次從煙囪裡掉下來，誰又會去洗澡呢？」

「那當然還是那個弄髒了身子的人了。」

「不！你還是錯了！你見過兩個人從同一個煙囪裡掉下來，其中一個人乾淨，另一個骯髒的事情嗎？」

「這就是《塔木德》！」

因此，自己學習並逐漸地領悟，才是眞正地學習。財富的追求，也是一個人在自己所遇到的機遇和環境中，不斷地調整和變化自己的策略才得到的。靈活地掌握和運用《塔木德》的這些規則，是最有效的致富方法。

無與倫比的賺錢之道

「錢不是罪惡，也不是詛咒，它在祝福著人們。」猶太人是這樣評價金錢的。世界上存在著許多個民族，爲什麼唯獨猶太人成了財富的象徵呢？這就不能不提到他們的宗教——猶太教。

猶太教簡直是一本財富的聖經，引領著猶太人逐漸走上了商業的道路，是那些對商業和社會行爲的論述，培養了猶太人財富的頭腦和獨特的思維，還有千年的經商智慧，讓猶太人完全具備了一個商人的全部素質，因而一旦社會安定，他們便從一文不名迅速地富有起來。尤其是資本社會的到來，金錢成爲社會的主宰力量時，他們的經典所帶來的經商天性，爲他們日後成爲商業巨子奠定了基礎。

猶太教裡說，猶太人是上帝的特選之民，是上帝挑選出來的，因而具有極高的素質，擁有一般人所不具有的能力。他們對自己從心底裡有著很高的期望，希望自己的成功能夠超越其他民族的人。

「凡是胸懷大志的人，最後總是會有所成就的。」

《塔木德》勸告猶太人，應該富有抱負和雄心。對於一個成功者來說，對自己冥冥之中神秘力量的驅使，和對自己未來發展的超越，是邁向財富的第一步。

猶太教向來鼓勵人，應該獨特地發展自己的能力，強調個人的能力發揮，拒絕抹殺個性，他們主張用自己的力量去改變他們認爲不合理的東西，甚至認爲個人的力量是可以影響和改變世界的。

猶太人思想開放、崇尚自由，反對一切守舊的東西，更不會爲一些僵化的觀念和傳統的做法所拘束。年老的拉比總是鼓勵年輕人按自己的意願去做事，不要害怕去嘗試新鮮的事物，即使是冒險也是值得的。猶太教鼓勵人們冒險，如著名的探險家哥倫布，他的祖輩就是猶太人。爲了生存的需要，他不得不表面上信奉基督教，而他的骨子裡則是猶太人的觀念。

猶太人的思想是開放的，他們甚至沒有國家、種族和地域等的限制。他們爲了自己能夠生存和發展，走遍了世界的各個角落。這些都爲他們天馬行空地行走世界，奠定了思想的基礎，而這些便是現代商人的原型。

處在那種自由的氣氛中，當機遇到來的時候，他們就利用自己的技能，在沒有資本、沒有工具也沒有錢的情況下，巧妙地利用了經濟上的自由，沿著社會階梯向上攀登。

在猶太人的心目中，他們居住的地方——迦南，是上帝耶和華賜給他們的美麗富饒的土地，是流著奶與蜜的地方。它處於埃及、巴比倫、亞述等幾個大國之間，而且沒有一個穩定的、統一的中央集權，於是這裡成爲各國的商賈往來的集中之地，四方的民族、軍隊、商旅和遊牧部落都從這裡通過，猶太人作爲東道主，則如魚得水似地進入了市場。

在所羅門王統治希伯來王國的時候，猶太人的經商能力日漸提高。所羅門王認識到，自己的王國處於國家貿易的黃金地區，他積極鼓勵臣民們經營對外貿易，大力發展航海業，從事海上貿易。他先後派船隻到達紅海和阿拉伯海從事貿易活動，每次都是滿載金銀、木材、珍珠、象牙等貴重珍稀的物品而歸。

所羅門王的種種措施，使他的王國成爲四方貿易的中轉站，商旅往來頻繁，也由此引導猶太人走上了經商之道，爲日後猶太民族注重商業和商業的成功，奠定了良好的開端。

此後，猶太民族的遭遇，幾乎就是一部四處流浪、處處遭受凌辱的歷史。爲了生存，他們練就了一套獨特的賺錢、理財本領，這是其他民族所不具有的。

在十九世紀的時候，一些德國猶太移民來到了美國。他們資金微薄，也沒有什麼技能，他們不得已四處沿街叫賣，依靠小本經營。來到北美的移民平均每人身上帶了十五美元，而猶太人身上卻只有九美元。即使最爲富有的一群猶太人，也不過只有三十美元。

有一個觀察家描繪了猶太人當年起家的狀況說：「一個裝備齊全的叫賣小販，需要十美元的總投資額：五美元辦一張執照，一美元買個籃子，剩下的用來買貨。爲數不少的人往往爲了逃避第一筆開銷而儘量地壓縮最後一筆支出。」可以想像猶太人當年的窘困之狀。

在短短的幾年時間裡，許多猶太人的家庭就從難民變成了富有的中產階級。到了後來，這裡面竟然產生了富甲一方、聲名遠揚的戈德曼、古根海默、萊蔓、洛布、薩克斯和庫恩等猶太巨富。到二十世紀的中期，萊蔓、沃特海姆、羅森傑爾德、洛溫斯坦、斯特勞斯等家族，已經在北美稱雄了一個世紀。他們是依靠自己「推小車起家」或者「靠腳板起家」的，這些成爲了猶太人的自豪和驕傲。

然而，這個時候，其他的民族卻還是和他們剛來的時候境況差不多。在二十世紀三〇年代，《幸福》雜誌這樣敘述：「當猶太人已經成爲歐洲的商人和金融家的時候，這些人還在揮劍扶鋤。」

由此可見，猶太人的賺錢能力是多麼的厲害，這讓其他民族大為驚異，他們對猶太人的賺錢能力，半是羨慕、半是譏諷。

歐洲流行這樣一個笑話：

一個猶太職員在一家保險公司裡做得很出色，公司的老闆打算提拔他擔任某個重要的職務，但是這個老闆是個天主教徒，他希望這個猶太職員能夠放棄猶太教而改信天主教。於是，當地一個最著名的天主教神父被派去勸說這個猶太青年。

會晤安排在老闆的辦公室。三個小時過去了，兩個人終於走出了辦公室，老闆迎上前問道：「尊敬的神父，在您的感召下，我想我們又增加了一名天主教徒，你是怎麼說服他的呢？」

「很遺憾，我們沒有能夠得到一位天主教徒，相反地，他還勸說我買了五萬元的保險。」

這樣的笑話和幽默比比皆是，大家無不對猶太人驚人的賺錢能力感到佩服，這個小故事不過是以幽默的形式，折射出猶太人的能力而已。

世界各國的人們對於他們這種無與倫比的賺錢能力驚羨不已，他們懷著對自己巨大的失望——甚至對猶太人的仇恨——紛紛評價猶太人——

匈牙利人說：「猶太人的上帝是財神。」

義大利人說：「猶太人經商如魚得水。」

西班牙人說：「眞正的猶太人能從稻草裡找出金子來。」

德國人說：「猶太人的稅和妓女的要價都很高。」

希臘人說：「破產的猶太人細查自己的帳目。」

波蘭人說：「討價還價像猶太人，付起帳像基督徒。」

俄羅斯人說：「猶太吝嗇鬼最大的懊惱，莫過於不得不放棄自己的包皮。」

法國的思想家孟德斯鳩，乾脆這樣評價猶太人的賺錢能力——「記住，有錢的地方就有猶太人。」

猶太人確實很愛錢，但與其說是愛錢，不如說他們更懂得在商業社會裡錢的重要性和如何使用錢。猶太人賺起錢來毫不客氣，但同時也不乏施捨行善的美德，通常他們會拿出自己收入的10%作爲慈善捐助。以色列社會非營利組織機構數不勝數，都是以捐款形式建立的，在提供社會福利、維護公民權利和促進民族和睦等很多方面，都發揮著積極作用。

超前的商業思維與經商風格

在猶太民族中流傳著這樣一句話：「爲了貧窮女孩子的一份嫁妝，可以在猶太教堂裡把《聖經》賣掉。爲了使這個女孩子一生富足，她的嫁妝裡必須要有一部《塔木德》。」

《塔木德》開啓了思維，開始了猶太人最早的商業學習，很多人研究後崇拜得五體投地。猶太人是這樣規定的：五歲的時候學習《聖經》，十歲的時候學習《密西拿》，十五歲的時候學習《塔木德》。這些經典裡面充滿了猶太式的智慧。猶太人之所以能夠發財，是和他們幾千年的燦爛文化密不可分的。

在中世紀，基督教會是嚴禁放債收取利息的，教會認爲這是一種罪惡的行爲，然而猶太教卻不這樣規定。《塔木德》說：「無論誰研習《塔木德》，只要你用心去研習，均值得受到褒獎，而且整個世界都將受惠於他，他會被稱爲一個朋友，一個可以尊敬的人，一個崇敬上帝的人，他將變得謙恭、變得公正、虔誠、正直、富有信仰，他將能遠離罪惡，接近美德。透過他，整個世界就有了聰慧、忠告、智性和力量。賺錢，吃麵包，喝酒，和心愛的女人共浴愛河吧，你的行爲已經得到上帝的恩准。」

之前說過，《塔木德》是猶太民族的一個智慧基因庫，也是猶太商業智慧的基因庫，是猶太人的行動指南，同時也對處於流散狀態的猶太人維護民族統一性、加強凝聚力起到了無比重大的作用。這種生存狀態的產生與持續存在，本是一個民族的文化與該民族歷史遭遇之間相互作用的結果。猶太人確認自己是上帝的選民，才會如有神助似的以這樣一種「成文法」的形式，早早劃定了民族的「邊界」，使得一個弱小而四散的民族能以非地域、非種族的文化特徵，在與任何民族的相處中，都如此有別的凸顯出來。

有學者認爲，這樣的一本書作爲一個民族的樊籬，其內容就必須是閉合的。因爲樊籬必須是閉合的，神聖的經典也必須是閉合的。但生活本身是開放的，猶太人的生活更是大大敞開的，歷史遭遇強加給猶太人的巨變，也許遠遠多於人類歷史上其他任何一個存在過的或存在著的民族。他們被一再強行驅入大流散的洪流，去面對迥然不同的社會文化和環境。

所以，在這個民族身上，幾乎同時存在著對閉合性和開放性的極端強烈的需要。沒有閉合性，純粹開放的猶太民族，必將走上一條由局部同化到完全同化的自行消亡之路；沒有開放性，純粹閉合的猶太民族也只能走上一條自甘萎縮而被歷史淘汰的道路。回溯漫長的人類歷史，有多少民族已經分別消失在這兩條文化進化的歧路之上。

因此，《聖經》必須閉合，但《聖經》又必須開放，這種閉合與開放同存的要求，只能以補充一本「準聖經」——《塔木德》來給以滿足。從這種層面上說，《塔木德》的出現是一種必然的。

《塔木德》雖然被稱爲猶太教僅次於《聖經》的法典，但絕對不具有一般法典那種「言不二價」的特徵。種種大相逕庭的觀點並列共存，沒有一個權威性結論，這種情況在《塔木德》中比比皆是。就像每本《塔木德》或者探討《塔木德》的書，都必須從第二頁起才印上頁碼，以便讓讀者在那張空白的第一頁上記下自己的觀感一樣，《塔木德》的作者們更願意讓種種爭論，留下一個繼續爭論的餘地。因爲在拉比看來，《聖經》一旦閉合，上帝也就閉口了：即使上帝不閉口，人類也無需理會於祂，完全可以「不顧一切」地堅持每個人自己的看法。

一個著名的猶太先知曾說過：「假如《塔木德》是一些固定不變的公式的話，它就不能存在下來。所以，摩西曾向上帝懇求說：『宇宙之主，請將關於教義和律法中每個問題的終極眞理賜予我們。』上帝的回答是：『教義和律法中沒有先期存在的終極眞理，眞理是每一代權威注釋者中，大多數人經過思考得出的判斷……』「眞理是每一代權威注釋者中，大多數人經思考得出的判斷」，由此看來，上帝才是眞正的「百家爭鳴」的倡導者！神的存在本已使得人們在意見分歧之時，一個人的意見不可能天然地凌駕於其他人的意見之上，何況上帝還自願將自己的最終裁決權懸置，放縱人們去「少數服從多數」，而不用「一家做主」的理論壟斷。多麼明智的上帝，多麼明智的拉比，多麼明智的《塔木德》！正因爲有了這樣一種難得的明智，《塔木德》才能兼收並蓄地容納了對《聖經》的各種解釋，才能在接受新思想、新觀念的同時，保存各種觀點，保存各種流派，保存它們所代表的各種發展可能性，以及其所蘊含的各種智慧基因。

一個屢屢被人稱爲頑固守舊的民族，卻屢屢爲人類做出各種開創性的成就，甚至貢獻出了與其人口數極其不成比例的世界級大師，其秘訣就在於猶太民族特別善於保存其智慧基因，以適應新的環境、迎接新的挑戰。

因爲猶太民族很早就從事了商業性活動，所以他們很早就開始致力於使商業活動規範化的工作。《塔木德》中提出的一些觀念，被公認爲現代商業法規的思想淵源，並對以契約關係爲基礎的商業運作，提供了思想基礎與法律規範。

《塔木德》強調，必須注意公平交易原則，爲此做出了種種規定。比如，用作丈量手段的繩尺，冬天和夏天的應當有所區別，因爲繩尺自身的長度會因熱脹冷縮而有變化；作爲量器的瓶子，底下不能有殘留；砝碼的底部必須經常進行清潔，以保持分量的準足。在賣方計量不準的情況下，買方有權要求正確計量。

在廣告宣傳方面，《塔木德》中有很多禁止弄虛作假的規定。比如禁止賣牛時塗上不同的顏色；禁止給各類工具塗上顏色以舊充新；把新鮮的水果放在陳舊水果上一起出售，也屬被禁之列。

關於商品價格問題，《塔木德》也有明確規定。當時雖然沒有客觀的統一價格，成交價一般都是在討價還價中達成的，但要是成交價高於一般價格的16%以上的話，則這一買賣行爲自動無效，買方可以退貨。而且，如果買方買下的是自己不瞭解的物品，則有權利在一天或一星期（視所買物品而定）內，向別人徵求意見，最後決定是留下還是退貨。從中我們也不難發現，商品經濟必備的契約意識和法律意識，在猶太民族那裡的萌生和早熟，猶太商人能成爲舉世公認的「世界商人」，也就成了一種歷史和邏輯的必然。

《塔木德》反對不合理競爭，規定在出售特定商品的店鋪隔壁，不能開同樣的商店，賣完全相同的東西。對於降價競爭，大部分情況下以是否有利於消費者爲標準。另外還規定，不能買別人早已表示要購買的東西，《塔木德》中有這樣一個故事：

有兩個拉比都想買同一塊地。第一個拉比先就這塊地談好了價格，可是第二個拉比跑來，二話不說就買了下來。

有一天，有人來見第二個拉比，對他說：「有人想買糖果，來到糖果店，看見已經有人在驗看糖果的質量，但後到的人卻搶先把糖果買了下來，這樣的人，你認爲如何稱呼爲好？」

第二個拉比回答說：「當然第二個人是壞人了。」

於是，那人就告訴他說：「你新近買下的土地，就相當後到者買下的糖果。事先已經有人報出了價格，正在交涉之中，你怎麼可以先買下來呢？」

事情最後是怎樣解決的呢？

第二個拉比認爲把新買下的東西立刻賣出去，有些不吉利；送給第一個拉比，他又不捨得，於是，就把它捐贈給了一所學校。

很明顯地，從《塔木德》的這些具體規定中，很容易發掘出現代公平價格、正當利潤、公平競爭、如實說明等商業法規的基本思想和原始做法。猶太民族的先哲們在其他民族還處於農耕時，就預測到將來社會的發展趨勢，並做出種種規定，眞可謂極具先見之明。而且這些法規在現代生活中，已被證明爲合理和有效的規定，對於商業史和法律史都具有重大意義。

《塔木德》中的這些對商業的基本思路和具體規範，對猶太商人形成其獨特的經營風格，對現代商業世界的價值標準，以及對猶太商人在今日商業世界的成功，都具有深遠的影響。

謎一般的民族——猶太民族發展史

猶太民族發源於古代西亞閃米特（閃族）的一個支脈。西元前十八世紀中葉，猶太人在其族長亞伯拉罕的帶領下，遷徙至迦南地（巴勒斯坦的古稱），被稱爲希伯來人，意即「河對岸的人」。後來，爲躲避自然災害，遷徙到了埃及尼羅河三角洲東部。西元前十三世紀末期，又返回迦南地，於西元前十一世紀形成了統一的希伯來王國。大衛王時奪取了耶布斯城（耶路撒冷的古稱），並將首都建在城南的錫安山上。西元前九二六年，希伯來王國分裂爲以色列王國和猶太王國。西元前七二二年和西元前五八六年，兩國分別被亞述人和巴比倫人所滅。自此，猶太民族開始了長達兩千多年的流亡生涯和被迫害的歷史。

對於猶太人爲何世代遭受世界範圍的反猶排猶主義的迫害，觀點眾多，莫衷一是。有的說是猶太人太過精明，「人至察則無徒」；有的說是宗教原因，因爲基督教信奉的耶穌基督，就是被猶太人出賣而遭殺害的；還有學者認爲，在中世紀，基督教國家視放債收息爲罪孽，然而當時各國都禁止猶太人從事其他「正當」的職業，他們只能從事這種「罪孽」的行當，這更加深了其他人對猶太人的仇視。長期的反猶排猶史，猶太人被打上了唯利是圖的奸商或守財奴的烙印，就連莎士比亞也沒擺脫對猶太人的偏見，他筆下的夏洛克，曾被認爲是猶太人的代表。

自命不凡的猶太人，不僅自稱爲上帝的選民，而且還敢跟上帝較量。他們向人類貢獻了《聖經》（舊約），億萬信徒在這裡找到了精神歸宿；他們收租放債的「罪孽勾當」，奠定了商業時代的金融法則；他們以占世界人口不到0.3％之勢，獲取了諾貝爾獎的30％之多。猶太人傳統上非常重視教育，他們不從事粗活，鋪路、蓋房、種田和收垃圾等重體力勞動，多僱用阿拉伯人或者其他外籍勞工承擔。

猶太是個古老的民族，猶太人有著多災多難的歷史。最早的記載就是所謂出埃及，摩西帶領不甘做奴隸的猶太人，千辛萬苦地返回故鄉。剛剛把國家建設得有點模樣，就讓好戰的巴比倫人給滅了，猶太人只好四處逃難。耶路撒冷城破之日，大批貴族被流放巴比倫，這就是史稱的「巴比倫之囚」。於是，作爲猶太王國遺民的猶太人開始出現。

巴比倫衰亡後，猶太人趕緊利用這千載難逢的機會重建了猶太國。

以後，希伯來人又先後處於波斯人和馬其頓人的統治之下。此後雖曾有過一百年的獨立，但不幸的是，他們隨即又被羅馬人所支配。西元一三六年，希伯來人第二次反抗羅馬人的起義失敗後，或被殺或被賣，餘者全被強行驅逐出巴勒斯坦。至此，希伯來人全部成爲猶太人。猶太人再次逃難，開始了長達近兩千年的「大流亡」。流動的希伯來人變成了流動的猶太人。這次逃難是到了歐洲，等到他們再次重建以色列的時候，已經經過了兩千年。

古猶太國被羅馬人消滅之後，猶太人逐漸移居到歐洲。當時的歐洲，除了地中海地區，各地都人口稀少、經濟落後，猶太人很快地站住了腳，他們主要從事的活動是經商。猶太人到處漂流、四海爲家，不喜歡固定下來務農，而且經商賺的收益比務農多一些。猶太人還有一個歐洲人沒法與之相比的優越條件，就是猶太人散居世界各地，橫向聯繫通暢，社團組織嚴密，實際上就是一個超級的跨國貿易網路。

作爲新移民，猶太人很難一下子進入主流社會的分工體系中，成爲其中的一個有機的組成部分。因爲當時各國的經濟基本上都是自然經濟，勞動分工與血緣、親緣、地緣等紐帶密切地交織在一起，在任何一個地方，它基本上都是自我封閉的，不可能輕易接受外來者。在這種經濟體制下，猶太人只能在一個個封閉的分工體系的邊緣活動，作爲不同體系的中介生存下來。這種邊際性的仲介活動，也就是通常所說的溝通不同分工體系的商業活動。猶太民族邊際性基因和邊際性身分，在這裡與同邊際性地位和邊際性活動吻合在一起。

羅馬帝國把基督教奉爲國教的時候，已經開始呈下滑趨勢，沒有時間來管教這些猶太異教徒。後來的查里曼大帝及其後代雖然是基督教徒，但猶太人繳納的稅金對他們更重要，所以一直在保護猶太人。中世紀歐洲的那些大大小小的領主們，也採取了類似的政策，儘管猶太人在宗教上、政治上沒有地位，但在經濟生活中發展得還算順利。

西元七世紀之後，穆斯林國家在中東崛起，與歐洲的基督教國家形成對峙形勢，國際貿易更是非猶太人莫屬。從北歐到北非，從英格蘭到中國，都是猶太人的市場。據說當時猶太商人到外國採購，只需帶一張在羅馬或是巴格達的銀行開出的匯票，就可以在其他國家內支付貨款。

精明的猶太人並不經營米麵油鹽這些利潤比較少的雜貨，而是經營絲綢、香料、寶石以及奴隸這些富人和權貴們所喜歡的熱門商品。除了這些商品本小利大外，他們還有其他利益方面的考慮。猶太人在歐洲是身在異鄉爲異客，而且是《聖經》上點名批判的異教徒，因此必須爭取當地權貴人物的保護。

當猶太人與當地人發生衝突時，總是求助於當地的上層人物，當然也不會空著兩隻手去求人。在歷史文獻中，常常可以看到這樣的記載，某些猶太人被誣告殺了人或犯其他罪行，只好送些錢財給當地的官員，請求幫助，最終結果是無罪釋放。在猶太人看來，這是當地的官匪聯合欺壓敲詐猶太人。而在當地的百姓看來，這無疑是錢權勾結的行爲，更加深了對猶太人的反感。

猶太人與當地百姓的對立，使那些國王公爵們不得不發布公文，宣布猶太人歸他們所有，還用圍牆圈住猶太人的住所，嚴加保護。這使猶太人與當地的人更加隔離開來，不僅在宗教文化經濟活動方面，在日常交往上也是如此。翻開歐洲歷史，每當社會發生動盪，猶太人的居住區總是第一個遭到暴民的洗劫。

這種當時算是保護措施的隔離，之後便成了迫害猶太人的手段，再以後還成了指責猶太人的藉口。

到了西元十一世紀，歐洲的經濟發展到了一定的程度，十字軍東征也打開了去中東的商路，本地商人開始逐步取代猶太商人在貿易中的地位。從這時起，猶太人也轉變了角色，將其經營重點轉到貸款放債。很多猶太學者認爲這種轉變是爲形勢所迫，但恐怕是自願的程度更多一些。既然經商的目的是賺錢，那爲什麼不放債賺錢呢？何況當時最低的貸款利率是43％，以猶太人之精明，怎能捨棄此等利潤？於是在歐洲，猶太人便成了高利貸者的代名詞，也就是《威尼斯商人》中夏洛克的形象。

猶太人眞正的厄運自此開始了，借給別人錢還要收取利息，是直接違背《聖經》教義的不道德行爲，只有邪惡的人才做這種不勞而獲的壞事。猶太人本來就被認爲是魔鬼的後代，是出賣耶穌的罪人，現在又放高利貸，根本不用什麼反猶宣傳，任何一個普通人都可以得出自己的結論。

對於猶太人而言，權貴們的態度要比普通人的態度重要得多。普通人的態度從來都不是太友好，猶太人可能也不太在意普通人怎麼看待他們。以前猶太人是經商的，即使沒錢拿來進貢，也還能維持社會運轉。現在猶太人成了權貴們的錢袋，他們對猶太人有錢時還好好對待，沒錢時就不理不睬，英國和法國的國王更是對猶太人課以重稅，不能按時繳稅的就抓起來，用盡酷刑。猶太人實在不堪重負，申請離開，但也未得到允准。等到這些猶太人被壓榨得一無所有的時候，他們就被驅逐出境，別人欠猶太人的錢當然也都竹籃打水，全無指望要回來了。反正在權貴們的眼裡，這些猶太人本來就是好逸惡勞而且喜好剝削的寄生蟲，掠奪他們既不會引起民憤，也不必感到內疚。

法國大革命之後，天賦人權的啓蒙思想在各國得到廣泛傳播，猶太人也獲得了與其他民族同等的公民權利。當時歐美各國正是資本主義蓬勃發展的初級階段，一向善於經商理財的猶太人如魚得水，辦商店、建工廠、修鐵路，成了時代的新寵。當然，猶太人最擅長的是金融銀行業。

在一八六二年，全普魯士有六百四十二家銀行，猶太人開辦的就有五百五十家，而猶太人只占當地人口的1％。在這些猶太人中，在德國法蘭克福發家的羅思柴爾德家族，是當時世界上最富有的家族，可以說是富可敵國，德國、法國、英國政府都要向他們家籌措戰爭費用。無論戰爭是什麼樣的結果，羅思柴爾德家族都肯定是贏家，從投資者的角度來說，這可以說是盡善盡美了。可是最大的問題是，打敗仗的一方也肯定對羅思柴爾德家族恨入骨髓，「資敵」的罪名是跑不掉的了。

縱觀整個中世紀甚至近代史，猶太民族的經商之路，就不只是「坎坷」一詞所能形容的，他們完全是穿行在煉獄之火中。驅逐令、火刑柱還有屠刀，始終伴隨著他們。而其中最爲殘酷的，是德國希特勒的「最後解決」。六百萬無辜猶太平民的慘死，爲從十字軍東征開始的屠殺猶太人的系列事件，畫下了句號。

然而，就在這樣一個荒誕的經濟舞台上，卻一再呈現出一幕幕極爲奇特的畫面：純以經濟的形態生存、發展的猶太人，被殘暴的宗教勢力和政治勢力，一再打入貧困的深淵，但猶太人每次都成功地以純經濟手段，重新跨上富裕的境地。以至於在許多世俗統治者那裡，猶太商人幾乎成了他們的造幣機器，和擺脫經濟困境的特效藥。在市場不景氣、貿易不順暢、金融不發展時，君主們就將猶太商人召來；只要經濟隨著猶太商人的到來而發展起來，君主們又會不滿足於猶太商人所繳納的高額稅金而「殺雞取卵」似地驅逐猶太商人，把他們的財產統統沒收。這裡最最典型的例子，莫過於法國的君主了。

這個過程也可以說是一個互爲因果的轉換過程：猶太人要是沒有這樣的商人基因，就不可能在這樣惡劣的政治、文化和經濟環境下生存下來。歷史上受迫害的民族何其多，唯有猶太民族以純商業—或者說以純金錢—的形態存在了下來；反過來，也正是一而再、再而三的政治、經濟打擊，逼使猶太人不斷提高自己的經商才幹、精益求精，直到與經濟運行達到了完全的吻合。到了這個階段，猶太民族的政治解放也就已經臨近了。

猶太人長期遭受民族與民族之間、以及民族與國家之間的衝突的困擾，他們試圖用不同的方式來解決這些問題。猶太人實行了兩個截然相反的措施，或是堅持民族主義路線的猶太復國主義，爭取在中東耶路撒冷地區建立一個猶太人自己的國家；或是走共產主義道路，徹底消滅國家，解放全人類的同時，也解放了猶太人自己。

猶太人離開耶路撒冷已經將近兩千多年了，他們習慣了歐洲的生活。再說，生活在信奉伊斯蘭教的阿拉伯人周圍，也不一定就比生活在信奉基督教的歐洲人中間強多少。在當時的社會條件下，共產主義思想占了上風。對於身在異國他鄉的猶太人來說，共產主義是最理想的社會，儘管不能賺錢發財，但至少能平安度日，不會有性命之憂。猶太人很容易被「工人階級，沒有祖國」這個口號所吸引，於是猶太人成了歐洲各國共產主義運動的中流砥柱。共產主義學說的創始人馬克思是猶太人，德國著名工人運動領袖盧森堡、李卜克內西是猶太人，俄國革命家托洛茨基也是猶太人。

在長期流亡中，爲克服種種逆境，民族主義便成了猶太人的精神力量，如果沒有這種精神支持，猶太人早就被當地人同化了。同時，他們周圍占人口多數的民族的民族主義情緒，也是猶太人存在的最大威脅。其實不光是猶太人，每個少數民族都面臨著類似的處境。特別是移民到外國成了少數民族，當新的祖國與舊的祖國發生利益衝突甚至戰爭的時候，新的祖國可能將你看作是吃裡扒外、不能信任的異己，舊的祖國也可能把你看成數典忘祖的叛徒。

猶太人在世界範圍內，都算是一個民族意識很強的民族。現在很多美國猶太人都要求子女保持猶太人意識，在下課後去讀教會辦的希伯來語補習班。據統計，百分之七、八十的男女青年，都受過傳統的猶太式教育。可是父母又希望他們的傳統文化不致妨礙子女進入美國社會取得成功。一般來說，來自中歐的說德語的猶太人，比較容易接受西方文化，思想也較開放；而來自東歐的則較保守，堅持傳統，只在社區內開展活動，甚至只在族內通婚。現在他們的大家庭和社區已不再是民族基地了，家裡保持的習俗已經減少了很多。

但每到每年的三月底，在猶太人的逾越節裡，你仍然可以看到他們全家團聚、兒孫滿堂，在餐桌上，男主人誦讀希伯來語的經文，接著每人拿經書誦讀一段，不會希伯來文的可以讀英譯的祈禱，然後吃沒有發酵的麵餅。這是爲了紀念猶太人的祖先從埃及逃出時，麵團來不及發酵就匆匆做成麵餅帶著路上吃，正是這些麵餅，使他們不致餓死。這個節要持續七、八天，這是保存下來的一個猶太民族節。

當人類社會終於擺脫了政治、宗教這些「看得見的手」的盲目支配，進入了一個由「看不見的手」——市場之手——發布無上指令的時代之日，猶太人這個以純金錢的形態存在，而且極爲成功地存在了數千年的民族，理所當然地迎來了自己全新的紀元，迎來了自己的興旺發達。「世界第一商人」終成正果！

在第二次世界大戰之後，猶太人普遍地富裕發達起來。在一九七一年，猶太人之中40％是經理或行政管理人員，29％是專業人員。在服裝業工作的人數比例下降，留在服裝行業中的大多當上經理。現在猶太商人經營房地產和房屋建築業的比較多。還有一個非常突出的特點是，美國猶太人教育文化程度高，年輕人中70％都已得到學位。許多猶太族知識分子在美國大學任教。

總之，猶太民族是一個偉大的民族，人類文明之所以取得今天的成就，與猶太人的貢獻是密不可分的。

PART 2

第二章

撬開世界第一商人的嘴

猶太人的經商智慧

沒有目標，就成不了氣候

猶太人認爲，人生短暫，必須珍惜自己難得的一生，並在這有限的時光中，實現自己的願望。當然，人在不同社會、不同背景、不同時期有不同的奮鬥目標。猶太人因其民族的特性、所處的環境，普遍都能從小懷志，確立自己人生的奮鬥目標。正因爲這樣，許許多多的猶太人能集中人生有限的時間和力量，去攻克一個目標，不至於分散力量，所以成功率比別人高。

在人生的競賽場上，沒有確立目標是很難獲得成功的。許多人並不乏信心、能力、智力，只是沒有確立目標或沒有選準目標，因此與成功失之交臂。猶太人經商，首先注重經商目標，在確立目標時，能切合個人實際和環境，絕不會把自己的目標訂的遙不可及。其次，確立目標後，全力以赴而終至成功，他們絕不會半途而廢或隨意中止奮鬥。

英國的猶太人大衛·布朗就是一個明顯的例子。他的發跡過程，就是他一生確立目標的實現過程。他出生於一九〇四年，父親經營一間小型齒輪製造廠，幾十年間一直慘澹經營，僅可以賺取一點生活費。但儘管如此，布朗的父親還是一個頭腦清醒的人，總結自己沒有選好奮鬥目標的教訓，把希望寄託在兒子身上。爲此，一方面嚴格要求布朗勤於學習和讀書；另一方面，每逢假日就差他到自己的齒輪廠去參加勞動工作，與工人們一樣艱苦，絕無特殊照顧。

布朗在家庭的教育下，在工廠裡磨練了一段較長的時間，養成了艱苦奮鬥精神，熟悉了工業技術的知識，形成了自己的奮鬥目標。但布朗自己的奮鬥目標不在齒輪廠，而是利用自己在齒輪業務累積的經驗，往賽車生產這個目標奮鬥。

他透過觀察，發現當時人們對汽車使用已漸普及，預感汽車大賽將會成爲人們的一種流行娛樂。就這樣，他克服了重重困難，成立了大衛布朗公司，不惜重金投入，聘請專家和技術人員設計，採用先進技術設備進行生產。一九四八年在比利時舉辦的國際汽車大賽中，布朗生產的「馬丁」牌賽車一舉奪魁，大衛布朗公司因此一舉成名，訂單如雪片般飛來，布朗從此走上發跡之路。

一個人之所以成功，就在於他賦予生命的方向。奮鬥目標是一個人的動力核心，它能改變一個人的價值觀、信念、決策模式和行爲方式，進而賦予行動的力量。

強調道德和善行

在農業社會，猶太人就已遵從簡單的商業道德，展現猶太人重視公平和講道理的交易標準。

在《塔木德》中，商業交易成爲一種特殊的行爲原則：交易就是交易，而不是爲交易而交易。教導人們做一個有道德的商人，而不是做一個唯利是圖的商人。交易強調的是道德和善行。

猶太人認爲：買者的權利，即使沒有明文規定所有保證，買者仍然有權要求他買的東西必須是品質優良、毫無缺陷。即使賣者打出「貨物出門，概不退換」的招牌，買方若事後發現東西有瑕疵，也有權利要求退換。但是，賣方若事先聲明貨物有缺陷，而買者願買，買後便不可退換，這是契約，雙方必須要遵守。自願吃虧與上當受騙是兩回事。《塔木德》堅持原則是保護買方的利益。

買方可在購買到東西的那一天起到一個星期之內，拿著所買的東西去請教別人，因爲買主不一定對所買的東西很內行，由懂得的人作判斷，然後決定是否退換，這都是允許的。在那時，猶太人就有監督買賣度量的官員，夏天和冬天丈量土

地的繩子不一樣長，因爲天氣變化，繩子伸縮有度。出售液體，甕底如果留有以前的殘渣，便被視爲不公平，官員有權過問。

《塔木德》時代，商品沒有統一價格。價錢由賣方張口要，但若買主付出超過一般行情的六分之一時，這次交易可以被視作無效。貨、款各退回本人手中。這是《塔木德》所訂的規律。它不光保護買方利益，同時也保護賣方利益。當買方沒有購買誠意時，就不可以進行商談；如有人表示願意購買某商品，他人就不可爭購。

由此可知，猶太商人是最具商業道德的買賣人，猶太人之所以能夠摘取「世界第一商人」的桂冠，與此是分不開的。

以善為本的經營策略

眾多猶太巨商在發財致富中，都有一個共同舉措——注重慈善事業和公益事業。十九世紀中期至二十世紀初，俄國銀行家金茲堡家族，從一八四〇年創立第一家銀行起，經過幾十年的經營，在俄國開設了多家分行，並與西歐金融界建立了廣泛的業務關係，發展成爲俄國最大的金融集團，其家族成爲世界知名的大富豪。

金茲堡家族像其他猶太富豪一樣，在其發跡過程中，做了大量的慈善工作。他在獲得俄國沙皇的同意下，在聖彼得堡建立了第一家猶太會堂；一八六三年，他又出資建立俄國猶太人教育普及協會；用他在俄國南部的莊園收入，建立猶太農村定居點。金茲堡家族第二代繼續把慈善工作做下去，曾把其擁有的歐洲最大圖書館，捐贈給耶路撒冷猶太公共圖書館。

美國猶太商人施特勞斯，他從商店記帳員開始，步步升遷，最後成爲美國最大的百貨公司之一的總經理，在二十世紀三〇年代成爲世界上首屆一指的巨富。在他事業成功的過程中，也做了大量的慈善活動。除了關心公司員工的福利外，他曾多次到紐約的貧民區察訪，捐資興建牛奶消毒站；並先後在美國三十六個城市，給嬰幼兒分發消毒牛奶；到一九二〇年止，他捐資在美國和國外設立了二百九十七個施奶站；他還資助建設公共衛生事業，一九〇九年，在美國紐澤西州建立了第一個兒童結核病防治所；一九一一年，他到巴勒斯坦訪問，決定將他三分之一的資產，用於該地興建牛奶站、醫院、學校、工廠，爲猶太移民提供各項服務。

事實上，猶太商人做善事的同時，也策劃出「以善爲本」的生意經。他們大量的捐資，爲所在地興辦公益事業，會贏得當地政府的好感，對他們開展各種經營十分有利。有些猶太富商由於對所在國的公益事業有重大義舉，獲得了國王的封爵，如羅思柴爾德家族，有人被英王授予勳爵爵位；有些猶太人還獲得當地政府所給的優惠條件，開發房地產、礦山、修建鐵路等，從而拓寬了賺錢的路徑。

其實，猶太人熱心捐錢辦公益事業是一種營銷策略，這種營銷策略爲企業提高知名度、擴大影響、博取消費者的好感起到重大作用，對企業鞏固已占有市場及今後擴大市場占有率會產生作用。

此外，猶太商人把「以善爲本」作爲一項重要的經營策略，除了與其民族的歷史背景有關外，也是一種促銷的好辦法。猶太人認爲，人是群居動物，人與人關係的運用，對事業的影響很大。

政治家因得人而昌，因失人而亡；企業家因爲供應的商品或服務，需要人民的歡迎才能發財。顯而易見，與人爲善、處理好人與人的關係，是猶太人經商智慧中不可或缺的一環。

猶太人認爲，人類的內心都有希望被人注目、受人重視、被人容納的願望。所以，猶太商人爲了充分利用人類內心深處的欲望，他們用善意的、親切的、溫和的態度與人交往。此外，猶太人還認爲，一個成功的商人必須能與人和諧相處，有容納別人缺點和短處的雅量。

時刻防範交易風險

在猶太人之間，無論有無契約，只要他口頭答應，就可以信任。若對方爲非猶太人，縱然有契約約束，也不可信任。這裡有一個關於美國石油大王約翰・洛克菲勒的故事。

在十九世紀初，德國人梅特里兄弟移居美國，定居密沙比，他們無意中發現密沙比是一片含鐵豐富的礦區。於是，他們用積攢起來的錢，秘密地大量購進土地，並成立了鐵礦公司。洛克菲勒後來也知道了，但由於晚到了一步，只好在一旁垂涎三尺，等待時機。

一八三七年，機會終於來了。由於美國發生了經濟危機，市面銀根告緊，梅特里兄弟陷入了窘境。

有一天，礦區來了一位令人尊敬的本地牧師，梅特里兄弟趕緊把他迎進家中，待做上賓。

聊天中，梅特里兄弟的話題不免從國家的經濟危機談到了自己的困境，牧師聽到這裡，連忙接過話題，熱情地說：「你們怎麼不早告訴我呢？我可以助你們一臂之力啊！」

走投無路的梅特里兄弟大喜，忙問：「你有什麼辦法？」

牧師說：「我的一位朋友是個大財主，看在我的情面上，他肯定會答應借給你們一筆款子。你們需要多少？」

「有四十二萬就行了。可是，你眞的有把握嗎？」

「放心吧，一切由我來辦。」

梅特里兄弟問：「利息多少？」

梅特里兄弟原本認爲肯定是高息，但他們也準備認了。

誰知牧師道：「我怎麼能要你們的利息呢？」

「不，利息還是要的，你能幫我們借到錢，我們已經非常感謝了，哪能不付利息呢？」

「那好吧，就算低息，比銀行的利率低二釐，怎麼樣？」

兩兄弟以爲是在夢中，一時呆住了。

於是，牧師讓他們拿出筆墨，立了一個借據：「今有梅特里兄弟借到考爾貸款四十二萬元整，利息三釐，空口無憑，特立此據爲證。」

名。

梅特里兄弟又把字據念了一遍，覺得一切無誤，就高高興興地在字據上簽了名。

事過半年，牧師再次來到了梅特里兄弟的家裡，他就對梅特里兄弟說：「我的那個朋友是洛克菲勒，今天早上他來了一封電報，要求馬上索回那筆借款。」

梅特里兄弟早已把錢用在了採礦上，一時毫無還債的能力，於是被洛克菲勒無可奈何地送上了法庭。

在法庭上，洛克菲勒的律師說：「借據上寫得非常清楚，被告借的是考爾貸款。在這裡我有必要說明一下考爾貸款的性質，考爾貸款是一種貸款人隨時可以索回的貸款，所以它的利息低於一般貸款利息。按照美國的法律，對這種貸款，一旦貸款人要求還款，借款人要麼立即還款，要麼宣布破產，二者必居其一。」

於是，梅特里兄弟只好選擇宣布破產，將礦產賣給洛克菲勒，作價五十二萬元。

幾年之後，美國經濟復甦，鋼鐵業內部競爭也激烈起來，洛克菲勒以一千九百四十一萬元的價格，把密沙比礦產賣給了摩根，而摩根還覺得賺到了。

也許有人會說，洛克菲勒不守商業道德，但是洛克菲勒並不這樣認為，他認為自己的行爲完全是合法的、正當的。況且商業經營的最高目的是賺錢，其遊戲規則是不受道德限制的。

猶太商人這種對待精明的坦然心態，是作爲一種傳統，代代相傳，在早期教育中就自覺培養的。

洛克菲勒的父親叫威廉，他曾經說過：「我希望我的兒子們成爲精明的人，所以，一有機會我就欺騙他們，我和兒子們做生意，而且每次只要能詐騙和打敗他們，我就絕不留情。」

洛克菲勒童年記憶中最深刻的一件事，就是有一次，父親讓他從高椅子上往父親懷裡跳，第一次父親將小約翰接住了。可是當小約翰第二次縱身跳下時，父親卻突然抽回雙手，讓小約翰撲在地上。威廉無疑是想透過這件事告訴兒子：世界是複雜的，不要輕信任何人。任何一個人，哪怕是最親近的人，都可能成爲你的敵人。猶太人在經商時，視商場爲戰場，視他人爲假想敵，心理高度警惕，永不放棄戒備心。縱然是自己的妻子或者丈夫，也把他當外人看待，從不輕易信任，這也是猶太人防範交易風險的智慧之舉。

研究消費心理

要使某種商品流行起來，必須針對普通老百姓和富人的需要來分析判斷。發源於普通老百姓的東西，一般來勢很兇猛，而且流行面廣，但維持的時間卻很短。另一種發源於富人，此流行趨勢雖然發展較慢，但持續時間卻很長。一般從富人普及到老百姓至少需兩年的時間，在這兩年內一旦把握住流行趨勢，就可以達到賺錢的目的。

一般人都羨慕上流社會，而且願與上流社會的人交往，上流社會中流行的衣飾、風格，無疑對一般人具有很大的模仿心理，從而使許多人趨之若鶩。

於是，藤田先生在經營過程中，首先把對象放在上流社會中、有錢人的流行趨勢上，無論是鑽石的花樣、服飾的色彩，還是手提包的樣式，都是按照有錢人的喜好特製的。結果，他的生意不僅暢銷，而且從未發生過「流血大拍賣」的事。

當然，藤田先生之所以能戰勝競爭對手，還在於他善於從實際出發，靈活多變，絕不跟風選購在歐美最風行的服飾，因為歐美的服飾只適合那些金髮碧眼、身材修長的歐美女士，而日本婦女的黃皮膚、黑頭髮、個子矮小，和那些服飾很難和

諧。有錢的人即使錢再多，也不會拿錢去買不適合自己的東西。所以，那些只知其一、不知其二的商人們，雖然片面地趕上了有錢人的時髦，但不具體的問題分析，最終還免不了虧本。

猶太人認爲，商場瞬息萬變，能夠把握一種流行趨勢實屬不易。因此，每一個生意人在做出任何一項決策前，必須仔細研究分析市場，既要能趕上潮流，還要超前於潮流。因爲人們的需求在不斷變化，市場也在不斷變化，今天暢銷的產品，也許明天就無人問津了。靈活地動用「向上看」的經商技巧，成功就在眼前。

逆境中要保持良好的心態

在人的一生中，絕不會順利地走向巔峰的，遭遇挫折或失敗很難避免。逆境是一種優勝劣汰的選擇機制，越過逆境這座分水嶺，人生必然呈現一種嶄新的境界。否則，只能是平庸一生、默默逝去。下面這則寓言可略窺對待逆境的心態不同，結果也會不一樣。

有三隻蛤蟆不小心掉進了鮮奶桶裡。

第一隻蛤蟆說：「這是神的意志。」於是，牠盤起後腿，等待著。

第二隻蛤蟆說：「這桶太深了，沒有希望了。」於是，牠被淹死了。

第三隻蛤蟆說：「儘管掉到鮮奶桶裡，可是我的後腿還能動。」於是，牠奮力地往上跳起來。牠一邊在奶裡划、一邊跳，慢慢地，牠覺得自己的後腿碰上了硬硬的東西，原來是鮮奶在蛤蟆後腿的攪拌下，漸漸地變成奶油了。憑著奶油的支撐，這隻蛤蟆跳出了鮮奶桶。

在近兩千年漂泊流離的生活中，猶太人一直處在逆境之中。在這漫長的日子裡，一方面，他們把逆境視若尋常事，任憑風吹浪打，而且在此過程中，學會了忍

耐和等待，堅信一切很快就會過去的，學會了如何在逆境中生存發展的智慧。另一方面，把逆境看做是一種人生挑戰，發揮自身潛在的能力，精神抖擻地在逆境中崛起。

猶太人把這種智慧運用到商業操作中，就形成了在逆境中發財的生意經。

猶太實業家路德維希・蒙德，學生時代曾在海德堡大學與著名的化學家布恩森一起工作，發現了一種從廢鹼中提煉硫磺的方法。後來他移居英國，在英國幾經周折，才找到一家願意與他合作開發此技術的公司，結果證明此項技術的經濟價值非常高。於是蒙德萌發了開辦化工企業的想法。

不久，蒙德買下了一種「利用氨水的作用，使鹽轉化爲碳酸氫鈉」的方法，這種方法是他一起參與發明的，但當時還不是很成熟。蒙德於是在柴郡的溫寧頓買下一塊地建造廠房，一邊繼續實驗，以完善這種方法。儘管實驗屢屢失敗，但蒙德從未放棄，夜以繼日地研究開發。經過反覆而複雜的實驗，他終於解決了技術上的難題。

一八七四年廠房建成，起初生產情況並不理想，成本居高不下，連續幾年，企業完全虧損。同時，當地居民由於擔心大型化工企業會破壞生態平衡，拒絕與他合作。

猶太人在逆境中堅忍的性格幫助了蒙德，他不氣餒，終於在建廠六年後的一八八〇年取得了重大突破，產量增加了三倍，成本也降了下來，產品由原先每噸虧損五英鎊，變爲獲利一英鎊。當時的英國，工廠普遍實行十二小時工作制，工人一週要工作八十四小時。蒙德做出了一項重大決定，將工人工作時間改變爲每天八小時。由於工人的積極性極度高漲，每天八小時內完成的工作量，與原來的十二小時一樣多。

工廠周圍居民的態度也發生了轉變，等著進他的工廠上班，因爲蒙德的企業規定，在這裡做工，可獲得終身保障，並且當父親退休時，還可以把這份工作傳給兒子。

後來，蒙德建立的這家企業，成了全世界最大生產鹼的化工企業。

學會選擇，懂得放棄

當事業不順利的時候，要堅忍，但也不是一味地忍下去，究竟應忍耐到什麼程度，應該什麼時候放棄，也是身處逆境、敗中求勝的智慧。

猶太人一旦決定在某項事業上投資，一定要制定短期、中期和長期的三套投資計畫。

短期計畫投入後，即使發現實際情況與事前預測有出入，他們也會毫不吃驚或動搖，仍積極地按原計畫實施。

經過短期計畫的實施後，即使效果不及預料的好，猶太人仍會推出第二套計畫，繼續追加投入，設法完成各項策略的實施。當第二套計畫深入進行後，仍未達到預測的效果、與計畫不相符，而且又沒有確切的事實和依據證明未來會發生好轉，猶太人會毫不猶豫地放棄這項投資。

猶太人認爲，放棄了已實施了兩套計畫的事業是明智的選擇，即使虧掉了不少投入也無所謂。因爲生意未盡人意，也會爲後來留下後患，不如選擇放棄，這樣不會爲一堆爛攤子而困擾未來的工作，長痛不如短痛。

在經營活動中，猶太人忍耐的個性是聞名於天下的。但是，他們的忍耐是基於合算和有發展前途的投資基礎之上的，當發現不合算或沒有發展前途時，不用說幾個月，哪怕幾天他們也不會等待下去。

猶太人詹姆士原來沾染了惡習，像個花花公子，把父親給他的一筆財產敗光之後，生活難以爲繼時，才覺醒要努力奮鬥，決心從頭做起。

他從哥哥那裡借了點錢，自己開辦了一間小藥廠。他親自在廠裡組織生產和銷售工作，從早到晚每天工作十八個小時。然後把工廠賺到的一點錢積蓄下來擴大再生產。幾年後，他的藥廠極具規模了，每年有幾十萬美元贏利。

經過市場調查和分析研究後，詹姆士覺得當時藥物市場發展前景不大，又瞭解到食品市場前途光明。因爲世界上有幾十億人口，每天要消耗大量的各式各樣的食物。

經過深思熟慮後，他毅然出讓了自己的藥廠，再向銀行貸得一些錢，買下「加雲食品公司」控股權。

這家公司是專門製造糖果、餅乾及各種零食的，同時經營菸草，它的規模不大，但經營品種豐富。

詹姆士對該公司掌控後，在經營管理和行銷策略上進行了一番改革。他首先將生產產品規格和式樣進行擴展延伸，如把糖果延伸到巧克力、口香糖等多品種；餅乾除了增加品種，細分兒童、成人、老人餅乾外，還向蛋糕、蛋卷等發展。接著，詹姆士在市場領域上大做文章，他除了在法國巴黎經營外，還在其他城市設分店，後來還在歐洲眾多國家開設分店，形成廣闊的連鎖銷售網。隨著業務的增多，資金變得雄厚，詹姆士又相機應變，把英國、荷蘭的一些食品公司收購，使其形成大集團。

詹姆士的成功，正是得益於他當初對小藥廠經營前途不佳的理智分析，及時調整經營思路，轉向食品行業。顯而易見，在商業經營中，適時放棄也是一種經商智慧。

增強風險管理意識

從經商角度而言，猶太人不是在做生意，而是在「管理風險」。就他們的生存狀況而言，也需要有很強的「風險管理」意識。猶太人不能乾坐著等「驅逐令」之類的厄運到來，也不能毫無準備地在關鍵時刻措手不及。在每次「暴風雨襲來」之時，他們都需要準確把握「山雨」到底會不會來，若來了會有多大。這種事關生存的大技巧一旦形成，用到生意場上去就遊刃有餘了。有時候，猶太人的確靠準確地投資這種「風險」而得以發跡。

哈默最大的一次成功在利比亞。無論是哈默本人，還是西方石油公司的三萬名職員和三十五名股東，一提起此事，他們都會驚訝不已。對於一個像西方石油公司那樣的一個企業，從來沒有碰到過近似利比亞的事情，這類事情也許是百年不遇。

在義大利占領期間，墨索里尼爲了尋找石油，在利比亞大概花了一千萬美元，結果一無所獲。埃索石油公司在花費了幾百萬收效不大的費用之後，正準備撤退，卻在最後一口井裡打出油來。殼牌石油公司大約花了五千萬美元，但打出來的井都沒有商業價值。西方石油公司到達利比亞的時候，正值利比亞政府準備進行第二輪出讓租借地的談判，出租地區大部分都是原先一些大公司放棄了的利比亞租借地。

根據利比亞法律，石油公司應盡快開發他們的租借地，如開採不到石油，就必須把一部分租借地還給利比亞政府。第二輪談判中就包括若干個「乾井」的土地，但也有許多塊與產油區相鄰的沙漠地……，來自九個國家的四十多家公司參加了這次投標。

哈默雖充滿信心，但前途未卜，儘管他和利比亞國王私人關係良好。因爲他在這方面經驗不足，而且與那些一舉手就可推倒山的石油巨頭們競爭實力懸殊太大，眞可謂小巫見大巫。但決定成敗的關鍵不僅僅取決於這些。

哈默公司的董事們坐飛機都趕了來，他們在四塊租借地投了標。他的投標方式不同於一般，投標書是用羊皮證件的形式，捲成一卷後，用代表利比亞國旗顏色的紅、綠、黑三色緞帶紮束。在投標書的正文中，哈默加了一條：他願意從尚未扣稅的毛利中拿出5％，供利比亞發展農業用。此外，還允諾在國王和王后的誕生地——庫夫拉——附近的沙漠綠洲中尋找水源。另外，他們還將進行一項可行性研究，一旦在利比亞開採出水源，他們將與利比亞政府聯合興建一座製氨廠。

最後，哈默終於得到了兩塊租借地，使那些強大的對手大吃一驚。這兩塊租借地都是其他公司耗掉巨資後一無所獲放棄的。這兩塊租借地不久就成了哈默煩惱的泉源。他們鑽出的頭三口井，都是滴油不見的乾孔，光打井費一項就花了近三百萬元，另外，還有二百萬元用於地震探測，和向利比亞政府的官員繳納的不可告人的賄賂金。於是，董事會裡許多人開始把這雄心勃勃的計畫叫做「哈默的蠢事」，甚至連哈默的知己、公司的第二大股東里德也失去了信心。

但是哈默的直覺促使他固執己見。在創業者和股東之間發生意見分歧的幾週，第一口油井出油了，此後的另外八口油井也出油了，而且是異乎尋常的高級原油。更重要的是，油田位於蘇伊士運河以西，運輸非常方便。與此同時，哈默在另一塊租借地上，鑽出一口日產七百零三萬桶自動噴油的珊瑚油藏井，這是利比亞最大的一口井。接著，哈默又投資一億五千萬元，修建了一條日輸油量一百萬桶的輸油管道，而當時西方石油公司的淨資產只有四千八百萬元，足見哈默的膽識與魄力。之後，哈默又大膽地吞併了好幾家大公司。這樣，西方石油公司一躍而成爲世界石油行業的第八大公司。

猶太人很少以主觀的情緒投資風險管理。即使在投機生意中，猶太人也十分講究穩妥可靠。

在英文中，「投機」和「考察」是同義詞，猶太人的投機買賣可說是對該詞的最好詮釋。猶太人的考察，並不光看商品的流通情形，還要視該買賣的商品，在轉賣或交換之後的狀況，當事人對於該項交易的最後滿意程度。猶太人最後決定的投機買賣，一定是根據周詳和縝密的思索之後所做出的商業行爲。

除此之外，也許與猶太商人經商時的積極樂觀態度也有很大的關係。猶太民族歷經劫難，但在看待事物的發展趨勢時，卻常抱樂觀的態度，並採取相應的行動。事實上，無論經商還是做其他事，樂觀者總要多點機會，投中的次數也更多些，發財的機會也更大些。

禁打虛假廣告，鼓勵正當宣傳

《塔木德》禁止商人打廣告，但是實質上只是禁止虛假廣告，並不反對實事求是的正當廣告的宣傳作用。有一則這樣的故事說明這個問題：

在哈西德教派的拉比家旁邊，有一個蘋果攤，主人是一個貧窮的婦人。有一天，她對拉比抱怨道：「拉比，我沒有錢買安息日所需的東西。」

「妳的蘋果攤生意怎麼樣啊？」

「人們說我的蘋果是壞的，他們不肯買。」

於是，拉比哈伊姆站在攤位前大喊：「誰想買好蘋果？」

結果可想而知，人們對蘋果連看都不看、數都不數，就掏出錢來買，而且是以高出實際價格二到三倍的價錢買的。

在轉身回家時，拉比對這位婦人說：「妳的蘋果是好的，一切都是因爲人們不知道它們是好蘋果。」

由此看來，猶太人並不是一味地反對做廣告，但是，一切都必須限定在誠實的範圍內。

時間是最寶貴的東西

猶太人最早領悟時間的價值，「時間也是商品」、「勿浪費時間」是猶太生意經之一。

在金錢主宰一切的社會中，也許會認爲「時間就是金錢」，但時間遠不止是商品和金錢，時間是生活、是生命。因爲時間是有限的，金錢是無限的，用有限的時間去追逐無限的金錢，結果只能受到時間和金錢的雙重壓迫。此外，錢可以再賺，商品可以再造，可是時間是不能重複的。因此，時間遠比商品和金錢寶貴。

在美國紐約，有一位拉比教師戴了一支手錶，背面刻著「愛惜光陰」四個字。另一位教師把這手錶拿給學生們看，學生們不以爲然，說是俗套而已，根本沒有什麼新奇的。

拉比見學生們無動於衷，就戴回手錶說：「美國有一句俗話『時間就是金錢』。我認爲這種說法是不對的。因爲這句話很容易使人誤會。假如說時間就是金錢，那我們就只能想到兩種情況：一種是不知如何運用時間的人，另一種則是不知如何運用金錢的人。其實，就價值而言，時間遠比金錢貴重。金錢可以儲蓄並生息，而時間卻絲毫不停腳步，而且一去不復返。」

『時間就是金錢』這句話，應該改爲『時間就是生命』，或者『時間就是人生』。」

拉比這麼一解釋，學生們都覺得有理。

恰當地把握好時間，還可以使金錢「無中生有」。

南非首富巴奈・巴納特剛到倫敦時，是一個一文不名的窮小子，他帶了四十箱雪茄菸到了南非，用雪茄菸做抵押，獲得了一些鑽石。在短短的幾年中，他成了一個富有的鑽石商人，和從事礦藏資源買賣的經紀人。

巴納特的贏利，有一個呈週期性變化的規律，這就是每個星期六是他獲利最多的日子。其奧秘就是他巧借了一個時間差。因爲星期六這天銀行較早停止營業，巴納特可以用空頭支票購買鑽石，然後在星期一銀行開門之前，將鑽石售出，用所得款項在自己的帳號上存入足夠兌付他星期六開出的所有支票。巴納特利用銀行停業的一天多時間，拖延付款，在沒有侵犯任何人合法權益的前提下，調動了遠比他實際擁有的更充裕、更多的資金。

PART 3

第三章

機會永遠眷顧的族群

神的子民—猶太人

捕捉有效資訊，搶占市場先機

對於一個長時期缺乏保障的民族來說，有時一個資訊就可能決定生死存亡。由這樣的傳統出發，猶太商人形成了對資訊的高度重視與敏感。

商場上機會均等，在相同的條件下，誰能搶占先機，誰就能穩操勝券。搶占先機最有效的途徑，就是獲取並破譯有關資訊。

事實上，猶太人的消息靈通是世界聞名的。

在這方面，羅斯柴爾德家族爲我們提供了一個最好的實例。羅斯柴爾德家族遍布西歐各國，這種分布既使這個家族較易於獲得資訊，也使各種資訊具有了特別重大的價值：在一地已經過時了的資訊，在另一方可能仍具有巨大的價值。爲此，羅斯柴爾德家族特地組織了一個專爲其家族服務的資訊快速傳遞網，在交通和通訊尚未快捷的時代，這個快件傳遞網發揮的作用絕不容忽視。

十九世紀初，拿破崙和歐洲聯軍正在艱苦做戰，戰局變化不定、撲朔迷離，誰勝誰負一時很難判斷。後來，聯軍統帥英國惠靈頓將軍在比利時發起了新的攻勢，一開始打得十分糟糕，爲此，歐洲證券市場上的英國股票疲軟得很。

倫敦的納坦．羅斯柴爾德爲了瞭解戰局的走向，專程渡過英吉利海峽，來到法國打探戰況。當戰事終於發生逆轉，法軍已成敗勢之時，納坦．羅斯柴爾德就在滑鐵盧戰地上。納坦獲悉確切消息後，立即動身，趕在政府急件傳遞員之前幾個小時回到倫敦。羅斯柴爾德家族靠資訊之便而占了先機，他們動用了大筆資金，趁英國股票尚未上漲之際，大批吃進。短短幾小時後，隨著政府資訊的公布，股價直線上升，轉眼之間，羅斯柴爾德發了一筆大財。

這則軼事屬於金融界的傳說，但人們——包括猶太人自己——也把這種捕捉資訊提前決策的金融技巧，歸之於羅斯柴爾德家族，顯然是人們對猶太人在資訊方面的「精明之處」的認可。

資訊來的管道是多方面的，很少一部分來自獨家情報；更多的資訊是來自大眾的，但這需要進行專門的收納、整理、分析，並且需要超常的破譯思維。下面這個猶太商人就是依靠對別人「不起作用」的資訊而出奇制勝。

美國著名的猶太實業家，同時又被譽爲政治家和哲人的伯納德．巴魯克，在三十出頭的時候就成爲了百萬富翁。他在一九一六年時被威爾遜總統任命爲「國防委員會」顧問，還有「原材料、礦物和金屬管理委員會」主席。以後又擔任「軍火工業委員會主席」。一九四六年，巴魯克擔任了美國駐聯合國原子能委員會的代表，並提出過一個著名的「巴魯克計畫」，即建立一個國際權威機構，以控制原子能的使用和檢查所有的原子能設施。無論生前死後，巴魯克都受到普遍的尊重。

創業伊始，巴魯克也是頗爲不易的。但他就是具有猶太人那種對資訊的敏感，使他一夜之間發了大財。

一八九八年的七月的一天晚上，二十八歲的巴魯克正和父母一起待在家裡。忽然，廣播裡傳來消息，西班牙艦隊在聖地牙哥被美國海軍消滅。這意味著美西戰爭即將結束。

這天正好是星期天，第二天是星期一。按照常例，美國的證券交易所在星期一都是關門的，但倫敦的交易所則照常營業。巴魯克立刻意識到，如果他能在黎明前趕到自己的辦公室，那麼就能發一筆大財。

在這個小汽車尚未問世的年代，火車在夜間又停止運行。在這種似乎束手無策的情況下，巴魯克卻想出了一個絕妙的主意：他趕到火車站，租了一列專車。巴魯克終於在黎明前趕到了自己的辦公室，在其他投資者尚未「醒」來之前，他就做成了幾筆大交易。

他成功了！

巴魯克在獲得資訊的時間上，並不占先機，但在如何從這一新聞中解析出自己有用的資訊，據此做出決策，並採取相應的行動上，巴魯克確確實實地占據了先機，巴魯克在不無得意地回憶自己多次使用類似手法都大獲成功時，將這種金融技巧的創制權，歸之於羅斯柴爾德家族，但顯然地，在對資訊的「理性算計」中，他是青出於藍而勝於藍的。

不做存款的資金管理法

猶太人從不把錢存入銀行生利息。猶太人善於精打細算，把錢存入銀行，年息最多不超過10％；把錢投資在有潛力的項目上，如果對市場走勢觀察分析準確的話，每次週轉贏利不少於30％，一年滾動週轉四次，所得利潤超過100％。在十八世紀中期以前，猶太人熱衷於放貸業務，就是把自己的錢放貸出去，從中賺取高利。到了十九世紀後，猶太人寧願把自己的錢用於高回報率的投資或買賣，也不肯把錢存入銀行。「不做存款」是猶太人經商智慧不可忽視的一部分。

「不做存款」，是一門資金管理科學。「有錢不置半年閒」，是一句很有哲理的生意經：做生意要合理地使用資金，千方百計地加快資金週轉速度，減少利息的支出，增加商品單位利潤和總額利潤。

在猶太人眼裡，衡量一個人是否具有經商智慧，關鍵看其能否靠不斷滾動週轉的有限資金，把營業額做大。

猶太人普利茲出生於匈牙利，十七歲時到美國謀生。開始時在美國軍隊服役，退伍後開始探索創業的方向。經過反覆觀察和考慮後，決定從報業著手。對於一個毫無資本和辦報經驗的人來說，想透過報紙賺錢無疑是癡人說夢。但普利茲卻堅定不移地按著這個奮鬥目標前進。

爲了籌到資本，他靠運籌做工累積的資金賺錢；爲了從實踐中摸索經驗，他到聖路易斯的一家報社，向該老闆謀求一份記者的工作。剛開始老闆對他不屑一顧，拒絕了他的請求。但普利茲反覆自我介紹和請求，言談中老闆發覺他機敏聰慧，勉強答應留下他當記者，但有個條件，半薪試用一年後再商定去留。

普利茲爲了實現自己的目標，忍耐老闆的剝削，並全心地投入到工作之中。他勤於採訪、認眞學習和瞭解報社的各環節工作，晚間不斷地學習寫作及法律知識。他寫的文章和報導不但生動、眞實，而且法律性強，不會引起社會的非議和抨擊，吸引著廣大讀者。面對普利茲創造的巨大利潤，老闆高興地吸收他爲正式員工，第二年還提升他爲編輯。普利茲也開始有點積蓄。

透過幾年的工作，普利茲對報社的運營情況瞭如指掌。於是他用自己僅有的積蓄，買下一間瀕臨歇業的報社，開始創辦自己的報紙——《聖路易斯郵報快訊報》。

普利茲自辦報紙後，資本嚴重不足，但他很快就渡過了難關。十九世紀末，美國經濟開始迅速發展，商業開始興旺發達，很多企業爲了加強競爭，不惜投入巨資宣傳廣告。普利茲盯著這個焦點，把自己的報紙辦成以經濟資訊爲主，加強廣告部，承接多種多樣的廣告。就這樣，他利用客戶預交的廣告費，使自己有資金正常出版發行報紙，發行量越來越大。他的報紙發行量越多，廣告也越多，他的收入進入了良性的循環。即使在最初幾年，他每年的利潤也超過十五萬美元。沒過幾年，他成爲美國報業的巨子。

普利茲初時分文沒有，靠打工賺的半薪，然後以節衣縮食省下極其有限的金錢，一刻不置閒地滾動起來，發揮更大作用，是一位做無本生意而成功的典型。這就是「不做存款」和「有錢不置半年閒」的展現，是成功經商的訣竅。

機會屬於有準備的人

縱觀猶太民族的發展史可知，猶太人善於根據自己所處的環境、所具備的條件和優勢，對自己人生進行理智的設計和運作。在商場上他們也是如此，他們根據時代的潮流選擇、設計和把握生意，以致於他們被稱為「撞上運氣的人」。

在十九世紀五〇年代，美國的加利福尼亞一帶曾出現過一次淘金熱。年輕的猶太人李維・施特勞斯聽說這件事趕去的時候，為時已晚，從沙裡淘金已到了尾聲。他隨身帶了一大卷斜紋布，本想賣給製作帳篷的商人，賺點錢作為立足的資本，誰知到了那裡才發現，人們不需要帳篷，卻需要結實耐穿的褲子，因為人們整天與泥和水打交道，褲子壞得特別快。於是，李維・施特勞斯用那卷斜紋布設計了世界上第一條的牛仔褲。

後來，李維・施特勞斯又在褲子的口袋旁裝上銀鈕扣，以增強褲子口袋的強度。此後，李維・施特勞斯開始大批量生產這種新穎的褲子，銷路極好。儘管大量服裝商競相模仿，但是李維・施特勞斯的企業一直獨占鰲頭，每年大約能售出一百萬條這樣的褲子，營業額達五千萬美元。

李維・施特勞斯就是被運氣撞上的人，但運氣只撞那些有準備的人。或者說有準備的人才能抓住偶然撞上門的「運氣」。金融巨子安德烈・麥耶就是一個有準備的人。

麥耶出生於巴黎一個生活艱辛的家庭。一九一四年，十六歲的麥耶爲了生計輟學，成爲巴黎證券交易所的一名送信員。同年夏天，他受僱於巴黎的鮑爾父子銀行。這不僅使他從此進入了銀行界，而且由於戰爭造成金融人員大量流失，使他在十六歲時，就得以自由地學習這個行業的所有的知識。不久，麥耶的精明能幹就得到金融界的一致讚揚。

拉扎爾兄弟銀行在法國金融界聲譽不菲，一九二五年，拉扎爾兄弟銀行的老闆韋爾看上了安德烈・麥耶，他認爲麥耶是個可造之材。這年麥耶二十七歲，韋爾問他是否願意加入拉扎爾。麥耶很感興趣，但他有一個問題：我何時才能成爲合夥人？韋爾未置可否，麥耶就婉拒了這個邀請。

一九二六年，韋爾重提此事，並提出一個建議：麥耶可以有一年的試用期，如果他的表現的確非常出色，那麼一年後麥耶就成爲合夥人，否則，麥耶就得離開拉扎爾。因此麥耶毫不猶豫地跳槽了。

一九二七年，麥耶如願以償地成爲拉扎爾的合夥人。但是，麥耶並沒有滿足這個成就，他的追求是想成爲一個名符其實的銀行家：爲公司出謀劃策，安排交易，籌措款項，同時爲銀行尋找有利可圖的投資機會。麥耶認爲這種有前途的銀行業務，才是拉扎爾的主要活動所在。

一九二八年，拉扎爾成爲雪鐵龍汽車公司的主要股份持有者。

當時，雪鐵龍公司首次向法國汽車工業引進了貸款汽車的辦法，這種辦法是透過雪鐵龍的一家子公司——「賒銷汽車公司」，法文簡稱爲「索瓦克」來實施的。但是，雪鐵龍的老闆只把「索瓦克」當做他的汽車促銷工具。而麥耶馬上想到了「索瓦克」更多的用途，比如貸款家用器具，甚至房產等，他建議由拉扎爾聯合另外兩家銀行買下「索瓦克」，把它變成一個基礎寬廣的消費品貸款公司。

雪鐵龍的老闆認爲麥耶的建議對他沒有壞處：索瓦克將繼續銷售雪鐵龍汽車，不銷售其他汽車，不但如此，也將從事其他領域的業務。此外，「索瓦克」的轉手，使雪鐵龍不必再爲開辦這家相當於銀行的公司提供資金，這對於資金來源相當吃緊的雪鐵龍來說，是倍受歡迎之舉。

爲了成功地策劃這筆大買賣，麥耶四處活動。他眼界非常高，最後找到兩家最強有力的合夥者，一家是「商業投資托拉斯」——當時美國最大的消費品貸款公司之一，另一家是摩根公司，世界上最久負盛名的私人銀行。

合作夥伴找到了，接下來開始尋求使用「索瓦克」作爲其銷售機構的商業客戶，他毫不費力就與著名的美國電器製造公司凱爾文·耐特簽訂了合約。這樣「索瓦克」開始運轉，它給投資者帶來了持續不斷的利潤，即使在經濟大蕭條時期依然如此。時至今日，它仍財源不斷、勢力強大。

「索瓦克」的成功讓金融界知道，麥耶是一個成熟的銀行家。他不僅能想出一個宏大的構想，而且還表現出了使這個構想得以實現的決心和能力。

麥耶的成功說明了一個道理：運氣只青睞那些有準備、有抱負、有超常耐力的人；運氣是偶然的，但抓住撞上門的運氣絕非偶然；運氣屬於有準備的人。

不要想當然

猶太人認爲，在商業活動中，人與人都是以利益維繫的，人的良知和道德往往會被金錢扭曲，一旦輕信別人，就可能傾家蕩產，而且是求告無門。「每次都是初交」的生意經，初看之下毫不起眼，細細推敲卻令人深思。

有一天，一位日本商人請一位猶太畫家上銀座的飯館吃飯。賓主坐定之後，畫家乘等菜之際，取出紙筆，給坐在邊上談笑風生的飯館女主人素描。

一會兒，素描畫好了。畫家遞給商人看，畫得神形皆似。

日本人連聲讚嘆道：「太棒了，太棒了。」

聽到商人的奉承，畫家便轉過身來，面對著他，又在紙上勾畫起來，還不時向他伸出左手，豎起大拇指。通常，畫家在估計人體的各部位比例時，都用這種簡易方法。

日本商人一見畫家的這副架勢，猜想這回是在畫他了。雖是因爲面對面坐著，看不見他畫得如何，但還是一本正經地擺好姿勢，讓他畫。

日本商人一動不動地坐著，眼看著畫家一會在紙上勾畫，一會兒對他豎起拇指，足足坐了十分鐘。

「好了，畫完了。」畫家停下筆來說道。

聽到這話，商人鬆了一口氣，迫不及待地轉身過去，一看，他大吃一驚。原來畫家畫的根本不是商人，而是畫家自己左手大拇指的素描。

商人連羞帶惱地說：「我特意擺好姿勢，你……，你卻作弄人。」

畫家卻笑著對他說：「我聽說你做生意很精明，所以才故意考察你一下。你也不問別人畫什麼，就以爲是在畫自己，還擺好了姿勢。單從這一點來看，你與猶太人相比，還差得遠呢！」

此時，日本商人才如夢方醒，明白過來自己錯在什麼地方：看見畫家第一次畫了女主人，第二次又面對著自己，就以爲一定是在畫自己了。

正是基於對類似這位日本商人所犯的錯誤，猶太人哪怕與再熟的人做生意，猶太人也絕不會因爲上次的成功合作，而放鬆對這次生意的各項條件、要求的審視。他們習慣於把每次生意都看做一次獨立的生意，把每次接觸的商務夥伴，都看做第一次合作的夥伴。這樣做，起碼有兩大好處：

其一，不會像日本商人那樣，因爲自己對對方的先入之見而掉以輕心，相反地，可以有足夠的戒備，防止對方可能的一切手腳。

其二，可以保證自己第一次辛辛苦苦爭取得到的贏利，不至於在第二次生意中，爲顧念舊情而做出的讓步所斷送。

猶太人深知，在人的潛意識層面上，「每次交易都當做第一次」往往在漫不經心中被忽略了，先入之見的厲害之處，在於會使人都想不到去糾正它。直到事情結果出來了，大失所望甚至絕望之餘，他們才懊悔地察覺自己的疏忽。

「每次交易都當做第一次」，是猶太人在漫長的歷史時期中，由活生生的商業活動而得出的高級生意經，而其適用範圍竟然已經到達潛意識層次。只有一個發明了精神分析學（弗洛伊德）的民族商人，才會在這種極其細微、極不容易覺察的地方，有如此清晰的認識，並且駕輕就熟、遊刃有餘。這是一條保持內心平衡，不被他人策動的生意經。

但有意思的是，對自己，猶太人要求做到「每次交易當做第一次」，不爲別人策動；但對別人，猶太人則毫不遲疑地利用對方對「第二次」的先入之見，來策動別人。

一則猶太笑話中的某一個賣傘櫃檯的售貨員，他不用開口，利用顧客的問話，

就構築好了「第二次陷阱」。

「先生，您買這把漂亮的傘吧！我保證這是眞絲綢面的。」

「可是，太貴啦！」

「那麼，您就買這把吧！這把傘也很漂亮，可是並不貴，只賣五馬克。」

「這把傘也有保證嗎？」

「那當然。」

顧客猶豫了很長時間，又問道：「保證它是眞絲綢的？」

「不是……」

「那你又保證什麼呢？」

「這個嘛……我保證它是一把傘。」

此則笑話中的顧客，差一點把「第二個保證」當做「第一個保證」，從而買了一把僅僅保證是「傘」的傘。

賺錢是做生意的最高目標

在生意場上只能遵守商業規則，日常生活中的親情、友情、尊老愛幼、禮讓、助人等其他的倫理道德規範，都必須服從商業規則。在生意場上，一切都是商品，而商品只有一個屬性，那就是增值、生錢，除了犯法的事不能做，違背合約的事不能做，其他的一切都應該服從這個最高目的。

猶太人在進行商業操作之前，先排除了眾多倫理道德規範的掣肘和情感的障礙，放下包袱、輕裝上陣，眼界看得寬，手腳放得開，處處得心應手，無往而不勝。

在猶太人看來，創立公司無非是爲了賺錢，只要能賺錢，出售自己的公司也是一種商業形式。同樣的道理，猶太人在進行商業操作時，對於所借助的東西，也從來沒有什麼顧忌，只要是有利於賺錢，且不違犯法律，就怎麼好用怎麼用，完全不必考慮過多。

猶太民族在生活上的禁忌之多、之嚴格，在世界各民族中是很少見的，並且這些禁忌歷經兩千多年能堅持貫之，極少改變。但是在另一方面，猶太人在經營商品時的百無禁忌，也是在各民族中不多見的。許多原先非商業性的領域，大都是被猶太人打破禁忌而納入商業範圍的。

蘇聯剛剛成立之時，許多資本家把蘇聯看做洪水猛獸，只有猶太人哈默不受局限，獨闢蹊徑，結果在蘇聯發了大財。

成功使哈默信心大增，他想：我爲什麼不回美國一趟，聯合機器和其他產品的生產企業，與蘇聯進行更多的貿易呢?他說服的第一個人是亨利・福特。福特汽車早已聞名世界，其創始人亨利・福特不僅是個有名的倔老頭，也是個有名的反蘇派。哈默經人介紹與福特見了面，福特不否認在蘇聯市場上銷售自己公司的產品可以賺錢，但是，「我絕不運一根螺絲釘給敵人，除非蘇聯換了政府。」

福特的態度非常堅決，但是哈默並沒有氣餒，他說：「您要是等蘇聯換了政府才去那裡做生意，豈不是丟掉一個大市場嗎?」哈默把自己在蘇聯的見聞、經商的經歷以及列寧如何對自己開方便之門的事，一五一十地講給福特聽，哈默說：「我們是商人，只管做我們的生意，而生意就是生意。」

福特對哈默的話漸漸產生了興趣，留哈默共進午餐。餐後，福特又陪哈默去參觀自己的機械化農場，兩人談得非常投機，最後，福特終於同意哈默作爲自己產品在蘇聯的獨家代理人。哈默從福特這裡首先打開了缺口，很快又成了美國橡膠公司、美國機床公司、美國機械公司等許多家企業在蘇聯的獨家代理商。

後來，在哈默的斡旋下，福特公司和蘇聯政府又達成了聯合開辦拖曳機生產工廠的合作協定，福特由此獲得了滾滾利潤，哈默自然也受益匪淺。

活用商業遊戲規則

猶太人是守規矩的商人，但他們總能在不改變規則形式的前提下，靈活地變通規則爲其所用。下面這個故事就蘊涵著這種智慧：

一個猶太人走進一家紐約的銀行，來到貸款部，大剌剌地坐了下來。

「請問，我能幫您什麼忙嗎？」貸款部經理一邊問，一邊打量著一身名牌穿戴的來人。

「我想借錢。」

「好啊，您要借多少？」

「一美元。」

「啊？只需要一美元？」

「不錯，只借一美元。可以嗎？」

「當然可以，只要有擔保，再多點也無妨。」

「好吧，這些擔保可以嗎？」猶太人說著，從豪華的皮包裡取出一堆股票、公債等，放在經理的辦公桌上。說：「總共五十萬美元，夠了吧？」

「當然，當然！不過，您眞的只要借一美元嗎？」

「是的。」說著，猶太人接過了一美元。

「年息爲6％。只要您付出6％的利息，一年後歸還，我們就可以把這些股票還給您。」

「謝謝。」

說完，猶太人就準備離開銀行。

銀行經理一直在旁邊冷眼觀看，怎麼也弄不明白，擁有五十萬美元的人，怎麼會來銀行借一美元。他匆匆忙忙地趕上前去，對猶太人說：「啊，這位先生……」

「有什麼事情嗎？」

「我實在弄不清楚，您擁有五十萬美元，爲什麼只借一美元呢？要是您想借三、四十萬美元的話，我們也會很樂意的……」

「請不必爲我操心。只是我來貴行之前，問過好幾家金庫，他們保險箱的租金都很昂貴。所以，我就準備在貴行寄存這些股票。租金實在太便宜了，一年只需花六美分。」

這是一則笑話，一則只有精明人才想得出來的關於精明人的笑話，這樣的精

明，一般人想學也學不到，因爲單單是盤算上的精明是遠遠不夠的，首先更是思路上的精明。

按常理，貴重物品應存放在金庫的保險箱裡，對許多人來說，這是唯一的選擇。但猶太商人沒有受限於常情常理，而是另闢蹊徑，找到讓證券鎖進銀行保險箱的辦法。從可靠、保險的角度來看，兩者確實是沒有多大區別的，除了收費不同之外。而且這可能比存保險箱更保險，因爲保險箱也可能被別人盜走，或者被別人知悉密碼，但放到銀行保險箱是絕對安全的，而且即使出問題的話，還得由銀行來負責。

其實，規則雖然不能變，但是妙用規則、巧用規則確實能夠大大地幫助我們。

不過，至此，猶太商人的思考方式還只是「橫向思維」，怎樣把證券放進銀行保險箱裡去，讓他們代管而幾乎不付錢，才眞正用上了「逆向思維」。

通常情況下，人們之所以進行抵押，大多是爲借款，並總是希望以盡可能少的抵押物爭取盡可能多的借款。銀行爲了保證貸款的安全或有利，從不允許借款額接近抵押物的實際價值。所以，一般只有關於借款額上限的規定，其下限根本不用規定，因爲這是借款者自己就會管好的問題。

然而，就是這個銀行「委託」借款者自己管理的細節，激發了猶太人的「逆向思維」：猶太人是爲抵押而借款的，借款利息是他不得不付出的「保管費」，既然現在對借款額下限沒有明確的規定，猶太商人當然可以只借回一美元，從而將「保管費」降低至六美分的水準。

透過這種方式，銀行在一美元借款上幾乎無利可圖，而原先可由利息或在抵押物上獲得的抵押物保管費，也只區區六美分，純粹成了爲猶太商人義務服務，且責任重大。

這個故事本身當然只是個笑話，但擁有五十萬美元資產的猶太商人，在寄存保管費上精打細算的做法，絕不是笑話，藉由「逆向思維」倒用規則的這套思路，更不是笑話。

到處是金錢，就看你有沒有本事賺

有著「世界第一商人」美譽的猶太人之所以精明，有諸多因素，但最重要而且最具猶太特性的因素，是猶太人精明的心態。

猶太人不但極爲欣賞和器重推崇精明，而且是堂堂正正地欣賞、器重、推崇，就像他們對錢的心態一樣。在猶太人的心目中，精明似乎也是一種自在之物，精明可以以「爲精明而精明」的形式存在。這當然不是說精明得沒有實效，而是指除了實效之外，其他的價值尺度一般難以用來衡量精明，精明不需要垂頭喪氣地在宗教或道德法庭上受審或聽訓斥。

美國和蘇聯兩國成功地進行了太空船飛行之後，德國、法國和以色列也聯合擬訂了月球旅行計畫。火箭與太空艙都製造就緒，接下來就是挑選太空飛行員了。

工作人員問應徵人員：「在什麼待遇下，你們才肯參加太空飛行?」

「給我三千美元，我就去。」德國應徵者說，「一千美元留著自己用，一千美元給我妻子，還有一千美元用作爲購屋基金。」

接下來法國應徵者說：「給我四千美元。一千美元歸我自己，一千美元給我妻子，一千美元歸還購屋的貸款，還有一千美元給我的情人。」

最後以色列的應徵者則說：「五千美元我才去。一千美元給你，一千美元歸我，剩下的三千美元用來僱用德國人開太空船！」

在這則笑話中，猶太人的精明可以說展現得極爲生動。猶太人不需從事實務（開太空船），只需擺弄數字，就可以拿一千美元，還可以送工作人員一千美元的人情，這種精明的思維邏輯，正是猶太人經營風格中最顯著的特色之一。

平心而論，猶太人並沒有盤剝德國人，德國人仍然可以得到他開價的三千美元。至於猶太人自己的開價，既然允許他們自報酬勞，他報得高一些也無可非議，怎麼安排純屬他個人的自由，就像法國人公然把妻子與情人在經濟上一視同仁一樣。而且猶太人的精明並沒有越出「合法」的界限。

猶太人尤伯羅斯舉辦奧運會，更把這種本領發揮到極致。

奧運會是舉世矚目的，對一個國家、一個民族和城市，能夠承辦奧運會是一個巨大的榮譽。但是，奧運會的巨額費用使承辦者苦不堪言，想承辦者也知難而退，籌集資金是承辦奧運會的關鍵，這個問題始終困擾著人們。

尤伯羅斯分析認識到，以往人們只注重奧運會的體育和政治功能，卻忽視了它的經濟功能。《塔木德》裡說：「任何東西到了商人手裡，都會變成商品。」這句話對尤伯羅斯來說恰如其分，毫不誇張。

尤伯羅斯身為商人，深刻地體會到，企業家最重視的是自己企業產品的知名度。為了使自己的產品名氣超過競爭對手，各個廠家往往肯花大錢，盡力設法擠垮對手。因而，尤伯羅斯決定利用各競爭對手這種心理，提高贊助收入。他規定本屆奧運會正式贊助單位只接受三十家，每一個行業選擇一家，每家至少贊助四百萬美元，贊助者可取得本屆奧運會某項商品的專賣權，這樣一來，各大公司就只好拼命抬高贊助額的報價。

可口可樂和百事可樂歷來就是死對頭，每一屆奧運會都是兩家交手的戰場，一九八〇年莫斯科奧運會上，百事可樂占了上風，雖然賭注大了點，但畢竟打響了牌子，提高了銷售量，可口可樂儘管自恃老大，但一不留神就會在競爭中落後，在洛杉磯奧運會上，可口可樂決心一定要挽回自己的面子。

尤伯羅斯向兩家大公司拋出了四百萬美元的底價。百事可樂還在猶豫之際，可口可樂已經胸有成竹，一下子把贊助費提高到一千三百萬，高出了尤伯羅斯提出的底價二倍之多。可口可樂的一位董事咄咄逼人地說：「我們一下子多出九百萬，就是不給百事可樂還手的餘地，一舉將它擊退。」果然，百事可樂沒有還手之處，可口可樂成了飲料行業獨家贊助商。

尤伯羅斯笑納一千三百萬美元後，又把目光對準了照相底片的兩位大亨：柯達公司和富士公司。底價同樣是四百萬美元，然而這次可沒有那麼順利。

柯達公司開始也想加入贊助者的隊伍，但他們不肯接受組委會的不得低於四百萬美元的條件，他們只同意贊助一百萬美元和一大批照相底片，尤伯羅斯沒有答應。

此時，一向嗅覺靈敏的日本人似乎感覺到了什麼，決心以此打入美國市場。富士公司與尤伯羅斯討價還價，最後以七百萬美元的價格，買下了洛杉磯奧運會照相底片獨家贊助權。。

等到柯達公司醒悟時，富士照相底片已經充斥了美國市場，爲此，柯達公司廣告部的經理被撤了職。

美國通用汽車公司與日本豐田等日本幾家汽車公司的競爭，更是如火如荼地展開，彼此都竭盡全力，以拼搶這「唯一」的贊助權。

結果，企業贊助共計三億八千五百萬美元，而一九八〇年的莫斯科奧運會的三百八十一家贊助廠商，總共僅贊助九百萬美元。

收入最高的，莫過於把運動會實況電視轉播權作爲專利拍賣。

最初，工作人員提出的最高賣價是一億五千二百萬元，遭到他的否定，他親自研究了前兩屆奧運會電視轉播的價值，又弄清楚了美國電視台各種廣告的價格，提出二億五千萬美元的價格。

然後，尤伯羅斯跑到美國兩家最大的廣播公司——美國廣播公司（ABC）和全國廣播公司（NBC）遊說，策劃了幾家公司之間的一場全力以赴的競爭，結果全國廣播公司欣然接受了這個價格。該公司負責體育節目的副總經理，對尤伯羅斯在談判期間所表現的談判藝術和工作效率，表示十分欽佩。

尤伯羅斯還以七千萬美元的價格，把奧運會的廣播轉播權分別賣給了美國、歐洲、澳大利亞等國，從這開始，廣播電台免費轉播體育比賽的慣例被打破了。

結果，僅此一項，尤伯羅斯就籌集到了二億八千萬美元。

奧運會開幕前，要從希臘的奧林匹克村把火炬點燃空運到紐約，再蜿蜒繞行美國的三十二個州和哥倫比亞特區，途經四十多個城市和近一千個城鎮，全程約一萬五千公里，透過接力，最後傳到洛杉磯，在開幕式上點燃火炬。

尤伯羅斯發現，參加奧運火炬接力跑是很多人夢寐以求、引以為榮的事情，於是他提出了一個公開出賣參加火炬接力跑名額的辦法，即凡是參加美國境內奧運火炬接力跑的人，每跑一英里，須繳納三千美元。

此語一出，世界輿論譁然，儘管尤伯羅斯的這個做法引起了非議，他仍然我行我素，最後，大筆的款項還是收了下來，這一活動籌集到了三千萬美元。

設立「贊助人計畫票」，凡願意贊助二萬五千美元者，可保證奧運會期間每天獲得最佳看台座位兩個；每家廠商必須贊助五十萬美元，才能到奧運會做生意，結果有五十家廠商，從雜貨店到廢物處理公司，都出來贊助。

組委會還發行各種紀念品、吉祥物，高價出售。

隨著奧運會的日子臨近，整個洛杉磯市已呈現出濃郁的氣氛。由各公司贊助整修和重建的各種設施已煥然一新，當國際奧委會主席薩馬蘭奇和主任貝利烏夫人視察了這些設施之後，說：「洛杉磯奧運會的組織工作是最好的，無懈可擊。」

從五彩繽紛的開幕式開始，抵制給奧運會帶來的陰影被一掃而光了，來自世界各地的運動員和觀眾，以及美國的觀眾表現出的空前熱情，把洛杉磯奧運會推向了巨大的成功。

一百四十多個國家和地區的七千九百六十名運動員，使這屆運動會的規模超過了以往任何一屆，整個奧運會期間，觀眾十分踴躍，場面熱烈，門票場場暢銷。田徑比賽時，九萬人的體育場天天爆滿，以前在美國屬於冷門的足球比賽，觀眾總人數竟然超過了田徑，就連曲棍球比賽也是場場座無虛席，美國著名運動員劉易士一人獨得四面金牌，各種門票更是搶購一空；多傑爾體育場的棒球表演賽，觀眾比平時多出一倍。

同時，幾乎全世界都收看了奧運會的電視轉播，令人眼花撩亂的閉幕式，至今還留在人們記憶中。

在奧運會結束的記者招待會上，尤伯羅斯宣稱，本屆奧運會將有贏利，數目大約是一千五百萬左右。一個月後的詳細數字表明，洛杉磯奧運會總共贏利二億五千萬美元。

巧用法律規則，投機外匯買賣

巧用法律規則賺錢，是猶太人外匯買賣的絕活。作爲「契約之民」的猶太人，居然在遵守契約的前提下，憑著自己的智慧和謀略，極爲理性地賺取金錢。

一九七一年八月十六日，美國總統尼克森發表了保護美元的聲明。精明的猶太金融家和商人立刻意識到，美國政府此舉是針對與美國有巨大貿易順差的日本。猶太人又從情報中獲悉，美國與日本就此問題曾多次談判。一切的跡象表明：日元將要升值。更令人吃驚的是，這個結論不是在尼克森總統發表聲明後，而是在半年前得出的。

眾多的猶太金融家和商人根據準確的分析結論，在別人尚未覺察之時，開展一場大規模的「賣」錢活動，把大量美元賣給日本。據日本財政部調查報告，一九七〇年八月，日本外匯儲備額僅三十五億美元，而一九七〇年十月起，外匯儲備額以每月二億美元的增加速度在上升。這與日本出口貿易發展有關，當時日本的電晶體收音機、彩色電視機及汽車生意十分興隆。但美國猶太人已開始漸漸向日本出「賣」美元了。

到一九七一年二月，日本外匯儲備額增加的幅度更大，先是每月增加三億美元，到五月份竟增加十五億美元，當時日本政府還蒙在鼓裡，其新聞界還把本國儲備外匯的迅速增加，宣傳爲「日本人勤勞節儉的結果」，似乎日本各界人士尚未發現這種反常現象，正是美國猶太人「賣」錢到日本的結果。

在尼克森總統發表聲明的一九七一年八月前後，美國猶太人賣美元的活動幾乎到了瘋狂程度，僅八月份的一個月，日本的外匯儲備額就增加了四十六億美元，而日本戰後二十五年間總流入量僅三十五億美元。

一九七一年八月下旬，也就是尼克森總統發表聲明十天後，日本政府才發現外匯儲備劇增的原因。儘管立刻採取了相應的措施，但一切都已晚了。美國猶太人預料的事情發生了：日元大幅度升值。日本此時的外匯儲備已達到一百二十九億美元。後來日本金融界結算，美國猶太人在這段時間拿出一美元，便可買到三百六十日元（當時匯率）；日元升值後，一美元只能買三百零八日元。也就是說，日本人從美國猶太人手裡每買進一美元，便虧掉五十二日元，猶太人卻賺了五十二日元。在這幾個月的「賣」錢貿易中，日本虧掉六千多億日元（折合美元二十多億），而美國猶太人即賺了二十多億美元。

日本有嚴格的外匯管理制度，猶太人想靠在外匯市場上從事投機活動是根本不可能的，但日本大蝕本卻是眞實存在的。此外，美國猶太人如此異常的大舉動，日本人爲何遲遲未曾發覺呢？猶太人又是如何得手的呢？這就涉及有「守法民族」之稱的猶太民族依法律的形式鑽法規的漏洞、倒用法律的高超妙處。這恐怕也只有受過「專業薰陶」的猶太民族才能表演此法。

從一九七一年十月起，日本外匯儲備額以每月二億美元的增加速度在上升，而這正是日本的電晶體電子及汽車出口貿易十分興隆的結果，這個增加速度是很正常的。

在日本自己看來，日本的外匯預付制度是非常嚴密的，但猶太人卻看出了它有大漏洞。外匯預付制度是日本政府在戰後特別需要外匯時期頒布的。根據此項條例，對於已簽訂出口合約的廠商，政府提前付給外匯，以資鼓勵；同時，該條例中還有一條規定，即允許解除合約。

猶太人正是利用外匯預付和解除合約這一手段，堂而皇之地將美元賣進了實行封鎖的日本外匯市場。

美國猶太人採取的方法事實上很簡單，他們先與日本出口商簽訂貿易合約，充分利用外匯預付款的規定，將美元折算成日元，付給日本商人。這時猶太人還談不上賺錢。然後等待時機，等到日元升值，再以解除合約方式，讓日本商人再把日元折算成美元還給他們。這一進一出兩次折算，利用日元升值的差價，便可以穩賺大錢。

從這則「日本人大蝕本」的事例中，不難看出猶太人成功的經營思路，在於「倒用」了日本的法律，將日本政府爲促進貿易而允許預付款和解除合約的規定，轉爲爭取預付款和解除合約來做一筆虛假的生意。這樣，日本政府卻只能限於自己的法律，而眼睜睜地看著猶太人在客觀的形式上，絕對合法地賺取了其主觀上絕對不認爲合理的利潤。

為他人著想，就是在為自己的成功鋪路

在猶太人的商業文化中，「瞎子點燈」是那種主動使對方瞭解商業邏輯，是使彼此成爲知己的哲學，其精彩之處，在於讓對方從自己的利益著想，從而最有力地調動對方。

每個人考慮得再周密，由於沒有與對方考慮到一個點上，還會造成某種誤會式的衝突。對於這種可能性，猶太人很快就有所體察，並將自己的感悟濃縮在一則極巧妙的寓言中。

在漆黑的道路上，有個瞎子提著燈籠在緩緩前行，迎面而來的人見他是個瞎子，不解地問他：「你是一個瞎子，幹嘛還提個燈籠呢？」

瞎子不慌不忙地回答：「因爲我提了燈籠，不瞎的人才能看到我啊！」

對瞎子來說，在漆黑的道路上行走，自己跌倒的可能性遠遠小於被行人撞倒的可能性。那些習慣於靠眼睛走路的人，對黑暗的熟悉度遠不及永遠眼前漆黑的瞎子。於是，瞎子亮起了燈籠，這燈光不是照向路面，而是照向自己，以便讓每個相遇者都可以看到瞎子，及早避讓，從而使瞎子順利地行走。

猶太民族在走過了二千多年的「夜路」之後，摸索並練出「瞎子點燈」的商業智慧。作爲一個長期寄居於其他民族之中的共同體，作爲一個「軟弱」而又「硬著頭項」的民族，武裝起義、示威遊行等反抗是極其愚蠢的，最理智的辦法，就是讓所寄居社會的民主統治者明白猶太人對他們及整個社會的價值。

「瞎子點燈」的邏輯，讓人們能彼此相互瞭解，從而能夠得出雙方共榮共生的結局，這是猶太人的高妙之處。

這裡還有一個故事，也能展現猶太人這方面的智慧：

很久以前，一個住在耶路撒冷的猶太人外出旅行，途中病倒在旅館裡，當他知道自己的病已經沒有希望時，便將後事託付給了旅館主人，請求他說：「我快要死了，如果我死後有從耶路撒冷趕來的人，就請把我的這些東西轉交給他。但是，不要告訴他我在哪家旅館。」

說完，這個人就死了。旅館主人按照猶太人的禮儀埋葬了他，同時向鎮上的人發表這個旅人的死訊和遺言，讓大家遵守這個猶太人的遺言，不要將他住的旅館告訴來找他的人。

死者的兒子在耶路撒冷聽到父親的死訊後，立刻趕到父親死亡的那個城鎮。他不知道父親死在哪一家旅館裡，也沒有人願意告訴他，所以，他只好自己尋找。

幸運的是，有個賣柴人挑著一擔木柴經過，兒子便叫住賣柴人，買下木柴後，吩咐賣柴人直接送到旅人所過世的旅館去。然後，他便尾隨著賣柴人，來到了那家旅館。

旅館主人對賣柴人說：「我沒有買你的木柴啊？」

賣柴人回答說：「不，我身後的那個人買下了這木柴，他要我送到這裡來。」

透過一筆木柴交易，他把回答這個問題作爲成交的條件，讓賣柴人爲了自己的利益，幫助他解決了難題。

顯然地，利益當頭比空口說教有力量得多。只有他人的利益與你的利益緊緊地綁在一起的時候，他人才能像爲自己謀利或避害一樣，爲你著想，因爲這一著想以及由其產生的努力，可以同時爲他自己帶來實際的利益。

換個思路，問題也許就會迎刃而解

在很多情況下，如果我們一味地從正面思考問題，問題並不能得到很好的解決，但如果我們換一下思路，從相反的角度著手，問題可能就迎刃而解了。

大部分的成就，都受制於形形色色的人，有些人的決定對成功與否特別重要。這些人就是你成功路途上的守衛，他們在放你通過前，必須對你的計畫、產品、思想及求職的要求，乃至於你的長相和性格說一聲「OK」。

逆向思維就是要鼓動那些站在你和目標之間的守衛。逆向思維首先要確定或設定一個可以達到的目標，然後從目標倒過來往回想，直至你現在所處的位置，弄清楚一路上要跨越的關口或障礙，以及是誰把守著這些關口。要把這一切都記下來。詳細寫出計畫是整個過程中極爲重要的一環。

要想讓守衛同意通過，你必須找出促使他們開門放行的原因。最佳辦法就是直接去問，徵求他們的建議和看法，也可向經常與他們打交道的人諮詢。

二十世紀六〇年代中期，當時在福特一個分公司擔任副總經理的艾科卡正在尋求方法，改善公司業績。他認定，達到該目的的關鍵，在於推出一款設計大膽、能引起大眾廣泛興趣的新型小轎車。在確定了最終決定成敗的人就是顧客之後，他便開始繪製戰略藍圖。以下是艾科卡如何從顧客著手，反向推回到設定的步驟：

顧客買車的唯一途徑是試車。要讓潛在的顧客試車，就必須把車放進汽車交易商的展示室中。吸引交易商的辦法，就是對新車進行大規模、富有吸引力的商業推廣，使交易商本人對新車型熱情高漲。說得實際點，必須在行銷活動開始前做好轎車，送進交易商的展示室。

爲達到這一目的，他需要得到公司市場行銷和生產部門百分之百的支持。同時，他也意識到生產汽車模型所需的廠商、人力、設備及原材料，都得由公司的高級行政人員來決定。艾科卡將爲了達到目標必須徵求同意的人員名單完整地確定之後，就將整個過程倒過來，從後向前推進。幾個月後，艾科卡的新型車「野馬」轎車從生產線上生產出來，並在二十世紀六〇年代風行一時。

「野馬」的成功，使艾科卡在福特公司一躍成爲整個轎車和卡車集團的副總裁。

逆向思維的一個基本要素，就是分出階段重點。這樣，你不得不將長遠目標和近期目標清楚地區分開來，然後再將逆向思維分別應用到每一個目標中去。

舉例來說，如果你說四十歲想成爲首席行政總監，這是不夠的。這個目標太過遙遠，逆向思維不能得以有效地發揮。你必須瞄準所要取得的具體成績，這些成績才是助你步入高層的高明戰術。

你想怎樣爲自己樹立聲譽？想對公司做出怎樣的貢獻？在前進道路上，你想擁有哪些特別的工作經驗？你想在哪裡工作，與哪些人共事？以上這些問題的回答爲逆向思維提供了十分具體的目標。在考慮上述問題的同時，要將長遠目標分成一系列明確目標。

目標越集中，逆向思維越奏效，爲達到目標所需徵得同意的人就越少，整個過程花費的時間就會越短。

PART 4

第四章

如何在絕境中求生存

猶太人的經商訣竅

小魚吃大魚

如果不從道德上講的話，「以大欺小」似乎是合情合理的。但反過來思考，「小」可不可以欺「大」？猶太商人在經營中常有此類事情發生：

紐約的一條街道上，同時住著三家裁縫，手藝都不錯。可是，因爲住得太近了，生意上的競爭非常激烈。爲了搶生意，他們都想掛出一塊有吸引力的招牌來招徠顧客。

有一天，一個裁縫在他的門前掛出一塊招牌，上面寫著這樣一句話：「紐約城裡最好的裁縫！」

另一個裁縫看到了這塊招牌，連忙也寫了一塊招牌，第二天掛了出來，招牌上寫的是：「全國最好的裁縫！」

第三個裁縫眼看著兩位同行相繼掛出了這麼大氣的廣告招牌，搶走了大部分的生意，心裡很著急。這位裁縫爲了招牌的事開始茶飯不思，一個說「紐約最好的裁縫」，另一個說「全國最好的裁縫」，他們都大到這種程度了，我能說我是世界上最好的裁縫嗎？這是不是有點兒太虛假了？這時，放學的兒子回來了，問明父親發愁的原因後，告訴父親不妨寫上這樣幾個字。

第三天，第三個裁縫掛出了他的招牌，果然，這個裁縫從此生意興隆。

招牌上寫的是什麼呢？原來第三塊招牌上寫的口氣與前兩者相比很小很小：「本街最好的裁縫！」

「本街」最好，那就是這三家中最好的。你看，聰明的第三家裁縫沒有再向大處誇自己的小店，而是運用了逆向思維，在選用廣告詞時選了在地域上比「全國」、「紐約」要小得多的「本街」一詞。這個小小的「本街」，卻蓋過了大大的「紐約」乃至大大的「全國」。

這只是一個小故事，猶太商人在經營實業中也常常用蛇吞象的辦法，逐步擴展其經營領域和經營規模，以達到壟斷的地位。

猶太商人能不斷創造發明各種實業組織形式，得益於他們擅長借資本的運行來經營企業的特點。十九世紀時，羅思柴爾德家族發展出國際性的金融組織——國際辛迪加；二十世紀，美國的猶太實業家發展出了投資銀行；到二十世紀六〇年代時，猶太實業家又在創造一種新的實業組織形式方面，站到了前列，這種新實業形式就是聯合大企業。

聯合大企業是一種實現多種目的的控股公司，它由各種性質不同的利潤中心構成，其主旨是對各中心加以協同。與傳統的控股公司不同之處在於，聯合大企業的主要目的，一是透過兼併和收購，使被控公司原先閒置或使用不當的資產，得到較爲合理的利用，從而促進資本增殖；二是透過兼併和收購，不斷組成新企業，在證券市場上不斷發行新股票，透過股票的出售和買賣來贏利。

這兩點共同表明，在聯合大企業的主要贏利中，只有一部分來自新產品。

市場滲透、收入增長以及價格贏利率的提高等生產經營方面，更大部分還是來自於證券市場上的股票交易。這種情況本身又意味著，聯合大企業的兼併和收購活動，在某種程度上都是採取先向投資銀行借貸，等出售股票之後，再以籌集到的資金來支付貸款，進而再收購企業，再擴大聯合企業。顯然地，這種發展方式，使一家小公司可以毫不費力地吞併一間大公司。而聯合大企業本身的存在，首先決定依賴於這個循環過程的不斷持續。

這種新型的實業組織形式，是美國猶太金融家和實業家於二十世紀六〇年代發明的。當時，美國經濟正處於持續繁榮之中，證券市場極爲活躍，而政府又採取相對來說較爲放任的政策，從而給猶太實業家們實踐這種「創造性資本經營的最高形式」，創造了良好的條件和環境。

發明這一新型實業形式的是一批猶太投資銀行，如特克斯特隆公司、萊曼兄弟公司、拉扎德・弗里爾斯公司、洛布・羅茲公司，以及戈德曼・薩克斯公司；而在建設聯合大企業中，則是林—特科姆—沃特公司、利斯科資料程式設備公司、梅特里—查普曼和斯科特公司等一批猶太企業最爲熱情。

其中梅特里—查普曼和斯科特公司被認爲是第一個聯合大企業，其經營者路易斯・沃爾夫森被視作聯合大企業之父，雖然第一個想出這個點子的，是特克斯特隆公司的羅伊利特爾。梅特里—查普曼和斯科特公司鼎盛時，包羅了造船、建築、化工和發放貸款等方面的業務，其銷售總額最高達到五億美元左右。在此期間，沃爾夫森屬於全美國薪水最高的經理之一，完稅前的收入爲一年五十萬美元以上。

在六○年代，聯合大企業以其連續滾動的蛇吞象發展形式大行其道，許多地位確定的老企業，即使沒有被接管，也惶惶不安，大有兵臨城下之感。

然而，隨著一九六九年證券市場崩潰，緊接著的經濟衰退以及不那麼放任的共和黨上台，聯合大企業在各個方面都受到了限制。從尼克森上台伊始，就指令司法部的反托拉斯部門，採取針對所謂「猶太人與牛仔的勾結」的行動。

結果，兩個月內，十三家聯合大企業的股票大跌，共損失了五十億美元的市場價值。不過，聯合大企業並沒有完全垮掉，只是它們的表現開始趨於穩健罷了。

在猶太實業家中，能比較有代表性地反映聯合大企業的特點及其盛衰的，除了斯坦伯格的利斯科公司之外，也許就是伊利・布萊克及其聯合商標公司了。

伊利・布萊克在二十世紀六〇年代，以「公司掠奪者」甚至「海盜」聞名美國商業界，因爲他極擅長於對企業進行估價，並採取相應的行動。可是像這樣的一個天才的實業家卻是半路出家的。

布萊克是一個猶太教法典學院（拉比學院）的畢業生，他隨父母一起從波蘭遷來美國，在長島擔任過三年拉比。以後，他覺得傳教沒有什麼意思，便放棄了拉比的職位，轉而去哥倫比亞商學院就讀。

離開學校後，他在萊曼兄弟公司做過一段時間，管理羅森沃爾德家族的財產。此後，他買下了一個陷入困境的瓶蓋製造公司，美國西爾—卡普公司。

用布萊克自己的話說，這是「一個規模極小而問題極大的公司」。布萊克對該公司進行了大改造，易名爲AMK公司之後，便走上了收購的道路。

不久，布萊克的這家資產僅爲四千萬美元的瓶蓋製造公司，開始「追求」另一家問題重重的公司——約翰・莫雷爾公司。這是一家肉食品罐頭企業，規模爲

AMK公司的二十倍，資產達八億美元。

布萊克剛把約翰・莫雷爾公司連同它的種種問題一股腦兒塞入自己的皮包，轉身又去追求一個歷史悠久，以波士頓爲基地的香蕉種植和運輸公司——聯合果品公司。聯合果品公司在中美洲有幾十萬公頃的種植園，擁有自己的冷藏船隊，共有三十七艘冷藏船，年銷售額達到五千萬美元。公司的股票在證券市場並不被人看好，只能算一種疲軟的保本股票，因爲公司的經營情況時好時壞，須憑自然或外國政治家的脾氣而定。不過，這家公司有兩個不爲人注意的長處，一是它沒有債務，二是它有一億美元的現金和流動資金。正是這兩點，吸引了布萊克這個精明的估價人的眼光。

布萊克偶然從一家經紀商公司得到消息，該公司早在二年前就曾以較高的價格，向委託人推薦過聯合果品公司的股票，而現在又在尋找對象把它盤出去。布萊克瞅準時機，馬上採取行動，先將這些經紀人手上的股票買下來，搶先了一步。布萊克從摩根保證信託公司爲首的銀行集團借貸了三千五百萬美元，以每股五十六美元，也就是比市場價高四美元的價格，買進了七十三萬三千二百股的股票。這筆交易是紐約證券交易所歷史上名列第三的大宗交易。

布萊克持股增加之後，希望不動干戈就把聯合果品公司收購下來，但其他精明的人也看到了該公司有油水，結果導致了一場混戰。幾個月之內，三次投標出價，使股票的價格由每股五十美元漲到了八十八美元。一九六八年，正是六〇年代哄抬行情中，兼併狂潮達到高峰的時候，布萊克以八十美元到一百美元的價格，將可更換股票的債券和認股證書全部收進的交易，極有誘惑力。硝煙散盡，AMK成了勝利者，布萊克透過戈德曼・薩克斯公司又收進了三十六萬多股股票。

布萊克把新組建的聯合大企業，命名爲「聯合商標公司」，這個食品加工綜合企業規模極爲龐大，令人望而生畏。然而，經營情況卻與此並不相稱。

一九六九年的股市崩潰和隨後的經濟衰退，打斷了布萊克蛇吞象的連續作業，而連續的天災人禍，則使其虧損不斷上升。

一九七〇年公司虧損二百萬美元，一九七一年爲二千四百萬美元，一九七二年和一九七三年還可以，收支扯平。一九七四年公司總收入爲二十億美元，而虧損卻達到了四千三百六十萬。

聯合果品公司接連遭受自然災害：颶風毀壞了中美洲的許多水果作物；乾旱和歉收導致全球範圍糧食緊缺，牛飼料價格也隨之猛漲。更爲糟糕的是，後來又遭遇了中南美洲七個國家效法OPEC的打擊。

這七個香蕉輸出國爲了沖抵自一九七三年以來，因石油價格上漲造成的赤字，聯合決定對每箱四十磅的香蕉，課以五十美分或一美元的出口稅。實際徵收這項稅的只有三個國家，宏都拉斯是其中之一。宏都拉斯定下的稅額是每箱五十美分。

由於聯合商標公司的香蕉有35％是在宏都拉斯生產的，每箱五十美分，累積起來將達一千五百萬美元之巨，這對聯合商標公司來說，卻是一筆大開銷。

就在這時，宏都拉斯官方管道又放出風聲，說出於某種考慮，可以適當降低稅額：如果聯合商標公司另行支付五百萬美元，宏都拉斯總統就會減半徵收。這樣，公司可以少納稅七百五十萬美元。這是明目張膽的索賄。公司經過與宏都拉斯方面的談判，商定支付二百五十萬美元的賄賂。隨後，透過公司在歐洲的高級職員，將一百二十五萬美元存入了一家瑞士銀行的帳戶，同時答應將餘款陸續存入。後來，布萊克因默許賄賂受到極大的壓力，所以，餘款再也沒有送去。再往後，連送去的必要也沒有了。颶風毀壞了宏都拉斯70％的香蕉林，造成公司的損失高達一千九百五十萬美元。

嚴重的虧損，迫使布萊克只好出賣子公司來彌補赤字，聯合商標公司的股票則跌到了四美元一股。這家總收入在二十億美元以上的公司，在大眾的眼裡只值四千萬美元。這時，行賄宏都拉斯總統的事又東窗事發。在這所有壓力之下，布萊克垮了，這位因其道德心和事業心無法忍受失敗與醜聞的實業家，終於在一九七五年二月三日，從位於泛美大廈四十四層樓的辦公室裡，跳樓身亡。

布萊克的失敗原因中有許多偶然因素，所以並不意味著聯合大企業這種實業組織形式的必然失敗。有人在一九六九年就評論過，布萊克的才能表現爲「一個資產管理人，至於他能否區別香蕉樹與盆栽棕櫚，是完全不相干的」。

他的能力在於發現巨額價值，逐步加以控制，並使其進入運行，再進一步發現更多的資產。在某種程度上，可以說猶太商人總體上都表現出這樣一種能力或素質。從抽象的角度來說，企業的運行無非是資本的增值過程，所以企業的經營可以有多個層次，可以有技術、有管理等的層次，但最高的層次必然順應資本增值的一般規律，也就是滿足資本自行存在，和發展的一般要求的金融或資產經營。這同樣是一個需要靈感、需要直覺、需要創造力的領域。

如果說像布萊克這樣不能區分香蕉樹與盆栽棕櫚的資產管理者有什麼不足的話，那絕不是他們只懂金融，而是他們時常忘記自己只懂金融。

絶處逢生

猶太人有個傳統，安息日不能工作，只能在家好好休息，學習功課。可是有些商店的老闆卻對此置之不理，照常營業，褻瀆了安息日。一次講道時，拉比對這樣的店主大加譴責。可是，禮拜結束後，褻瀆安息日最爲嚴重的一個老闆，卻送給拉比一大筆錢，這令拉比非常高興。

到第二週禮拜時，拉比對安息日營業的老闆指責得就不那麼嚴厲了，因爲他希望透過這種方式，那個老闆給的錢會更多一些。誰知結果一個子兒都沒拿到。

拉比猶豫了好一陣子，鼓足勇氣來到這個老闆家裡，向他詢問理由。

「事情十分簡單。在你嚴厲譴責我的時候，我的競爭對手都害怕了，在安息日不營業了。」

猶太人以虔誠聞名於世。但在說笑話時，卻老是有點過火，甚至極爲放肆，不要說道貌岸然的拉比，就是神本身也常被拿來取笑一番。不過，從這則本意在於調侃拉比的笑話中，我們也可以發現猶太商人的一隻生意眼。

消除所有競爭對手、徹底壟斷市場，這始終是商人的理想境界。商人之間的相

互競爭，爭來爭去，爭的不過只是某種程度的壟斷。

壟斷的實現手段多種多樣，可以透過政治手段來實現，也可以透過經濟手段來實現，但對猶太商人來說，政治手段顯然是不現實的。因爲權力階層與猶太人作對的時間，遠遠多於與猶太人和平相處的時間，至於偏袒猶太人的時間，更是百年難得一見。而換一下經濟手段也不現實，爲什麼呢？因爲這對經濟實力，包括商品的生產技術以及質量等要求過高。

在猶太商人看來，別人都局限於種種非理性的成見，或因害怕冒險等而不肯或不敢介入的時候，是最有利的壟斷時機。這種時候，市場回報很高，能在不需要多大成本的情況下，使壟斷局面得以維持。笑話中的商店老闆追求的，就是這種有利時機。他付給拉比的一大筆錢，不過是安息日贏利之一小部分而已。比起採取其他吸引顧客的手法，如廣告、餽贈、大減價等，這種方法要省時省力省錢多了。

當年猶太商人之所以能在幾乎無人競爭的情況下，從事放債和貿易這些獲利豐厚的行業，就是因爲基督教神父講道時，對他們進行了嚴厲的譴責。猶太商人沒有義務遵守基督教的教義，此外，只要合法，他們對神學上或道德上的說教歷來不太在意，只管大大方方地去賺自己的錢。毫無疑問，猶太商人的這隻生意眼也是歷史所賦予的。

猶太商人能超脫形形色色的先人之見或刻板模式的束縛，在新興的行業或領域興起之時，就最快地發現它，也就是因爲他們抱有這樣的一種態度。

所以，如表演業、電影業等娛樂行業還被看做不正經行業時，猶太裔人已大批進入了這些領域；在美術界還一味只知道保存美學趣味與價值時，猶太美術品商人已主宰了紐約第五十七街上的世界美術作品市場；同樣地，當其他律師，尤其是華爾街上的大法律事務所中的律師，還對人身傷害訴訟不以爲然，把接手這類案子的律師稱之爲「追救護車的人」的時候，猶太律師正好把它作爲自己賺取成功酬金的領地。

找到難題的最佳解決辦法

猶太商人素以守約、守法著稱，這點極爲人稱道。在實際經營活動中，猶太商人同樣也會遇到種種法律規則與經營目標發生衝突、形成兩難的情境，但與一些喜好偏執於一端的他族商人不同，猶太商人的基本策略是「化兩難爲兩全」。

猶太人中間有這麼一個笑話，也許可以作爲猶太商人這一策略的幽默解說，雖然其中並沒有出現商人。

以色列的住房問題很嚴重，幾個德裔猶太人只好將一個報廢的火車車廂當作臨時住所。有一個晚上，幾個德裔猶太人穿著睡衣，在寒風中顫抖不已地來回推著車廂。一個本地猶太人不解地問：「你們到底在做什麼？」

「因爲有人要上廁所，」推車人耐心地說明，「車廂裡寫著：停車時禁止使用廁所。所以，我們才不停地推動車廂。」

凡是坐過長途火車的讀者，想必都有機會看到這一條規定。其意圖何在，大家也都清楚。現在既然車廂已經成爲固定居所，此規定作爲列車運行中的規定，理當自然失效，雖然在保障「住宅」周圍的環境衛生中還有必要遵守，可是這幾個德裔

猶太人（猶太人中法律觀念最強的，也許就是德裔猶太人）卻不知變通，死守規定，弄得兩頭不討好：人凍得要命，環境衛生仍沒有做好。

這是對笑話的一般理解。

然而，要是換一個角度來看，事情就完全不是一個「迂腐」問題，反倒是「變通」的表現了。

這幾個猶太人是寄居在火車車廂之中的，就像猶太商人長期寄居在其他民族的社會中一樣。這條規定是鐵路主管部門制定的，無論其是否有效，應由列車車廂的所有人或鐵路主管部門宣布，這幾個猶太人沒有立法的權力，自然也沒有廢除某項法律的權力。說實在的，猶太商人在各自所在的國家中，經常也要面臨這類原該自然廢棄、但偏偏還實際起著「作用」的法律或約定俗成的規矩，要是他們也經常越俎代庖地宣布予以廢除或犯規不已，帶來的恐怕遠不止「環境衛生」的問題了。

規定既然不能廢除，用廁所又在情理之中，聰明的德裔猶太人就想出了讓列車「動起來」的點子；只要車廂一動，規定便從其本意上不適用了，無須再由任何人來廢除，既然鐵路主管部門從未規定是否允許人力推車，他們當可自行決定。而就在他們幾個人的瑟瑟發抖之中，規定沒有違反，如廁的要求也滿足了，不是兩全其美嗎？

所以，這則笑話只能表明：在通常情況下，猶太人有變通法律，從形式上遵守，同時又不眞正改變自己原有活動方式的智慧和能力。

我們把這麼個抽象概括與一則看似漫不經意的笑話扯在一起，並非牽強附會。「道在屎溺」，笑話本是最有「道」之處。只要我們把笑話中的兩難移進生意場上去，就會發現其中的妙處。

行賄是生意場上幾乎不可缺少的手段，但許多國家都有禁止行賄的法律規定。尤其是在美國境內，對行賄的制裁很嚴。我們前面提到的那位聯合商標公司的伊利·布萊克，就是在宏都拉斯總統強行索賄的情況下，被迫繳納的，但即便如此，布萊克還是被政府主管部門公開點了名。

其實，也不能說美國政府規定得太死。國內有同一個法律制度不容易產生規範互相衝突的情形，而與外國無法無天的統治者打交道時，並不能將美國的法律搬過去。美國政府不是沒有看到這個兩難，所以規定了只需將付給類似人物的小費，在公布於眾的公司損益計算書中交代清楚，在對外貿易中並不禁止行賄。布萊克就是因爲付了小費之後卻拒絕公開說明，且小費數額又開創了紀錄，才被點名的。

不過，布萊克的拒絕公開說明，也有他的理由。行賄大多是暗中進行的，能拿到桌面上來的機會極少。聯合商標公司之所以把賄賂款存入瑞士銀行，因爲宏都拉斯總統畢竟也有不方便之處。秘密談判之後，再來個公開說明，不是多此一舉了嗎？在某種程度上，美國法律的這條規定自身仍有缺陷，雖然還沒有到車廂中的那條規定的嚴重程度。

在這樣一個背景下，我們再來看另一個猶太商人利昂・赫斯的做法，就會覺得他的技巧乾淨多了。

利昂・赫斯是美國猶太人中新出現的一個石油富豪，在美國的大富豪中位列第二十一名，控制著頗具規模的阿美拉達—赫斯石油公司將近22％的有表決權的股份，擁有的財產據計算在二億至三億美元之間。

在一九八一年之前，阿美拉達—赫斯石油公司一直使用國外進口的高價石油，同時享受著政府每年二億美元的補貼。但從一九八一年起，美國政府取消了國內石油價格管制，國內石油與進口石油的巨大差價不復存在，價格補貼也就同時取消了。這麼一來，赫斯也開始爲自己進口的石油價格煩惱了。解決問題最簡便的辦法，就是向有關國家的官員行賄，爭取優惠價。

這種做法是石油行業中司空見慣的，一些大石油公司也都走這條捷徑，只是大都採用各種財會手法來掩蓋諸如此類的付款，不讓主管機構查實。

赫斯比他們都聰明，他選擇了一種較爲直接的方法：他在給股東們的信中告訴他們，「這一筆筆數額可觀的款項，只從我個人的基金中支付」。而且這筆基金本身也不作爲業務開支，在他個人應納稅款中扣除。

這就是說，赫斯是以個人的錢在爲公司業務鋪路。不單如此，他還得爲這筆鋪路費繳納個人所得稅。美國政府對行賄的有關規定，是在企業法人行爲層面上的規定，對於個人之間的饋贈是完全不適用的，更何況饋贈金本身的稅額已經完全付清。這樣一來，赫斯就乾乾淨淨地避免了涉嫌有爭議的法人行爲，更準確地說，行爲本身仍然存在，但已不是法人行爲，赫斯也沒必要再把付款的去向對股東們說清楚了。

不過，只要賄賂還在送出去，優惠價的原油就會流進來，公司就能掙大錢，赫斯個人的腰包就會隨之鼓起來，他的個人基金也不會枯竭。最後，美國政府也可以一方面禁止行賄、一方面又分享行賄帶來的利益，而股東也樂得讓赫斯用他自己的錢爲他們謀利益。

赫斯沒有宣布政府有關規定無效，但卻以自己的方式使它完全不適用了。

他的這筆個人基金，與德裔猶太人在寒夜中顫抖不已地推動車廂，不是有異曲同工之妙嗎？相比之下，倒是布萊克顯得太過於迂腐了。

用信心和恆心賺錢

「如何賺錢呢？」這個問題是每個人都會反覆詢問的問題，但是有許多的人連「門」都摸不上。猶太商人認爲，賺錢並不是什麼容易的事，也是一件靠智力和體力共同完成的事。要學會用腦子賺錢，用資訊賺錢、靠掌握人們的心理賺錢。大錢小錢都可以賺，只要賺到錢，就比沒有賺來得好！賺錢這項人生遊戲，需要兩大項：腦子和手腳。

猶太人做生意，他們給自己制訂的目標一定要實際，要有可能實行才行。一家公司辦公室的北面大牆上，寫了一條標語：「有信心不一定會贏，沒有信心一定會輸；行動並不意味著成功，沒有行動一定會失敗。」

這條標語的意思是說，敢想才敢做，想贏就會拼，敢拼才會贏。彼得．尤伯羅斯也是猶太商人，他因爲創辦了一家全美最優秀的旅遊公司，一九八五年一月被《時代》雜誌評爲當年風雲人物。

對自己的信心和追逐目標的恆心，以及對事業的專心，使尤伯羅斯成爲具有領袖風采的企業家。第二十二屆奧運會，由於他的努力，獲利二億五千萬美元，在閉幕式上，眾多熱情洋溢的觀眾站起來，爲尤伯羅斯鼓掌。被稱爲商界巨人的哈維說：「我參加過許多體育活動，但在我的一生中，還是第一次看到四萬四千人站起來，爲一個賣給他們門票的人歡呼。」

多年以前，紐約州最富有的猶太商人是柯特．卡爾森，他靠白手起家。大蕭條時期，他主要推銷貼水印花。大蕭條過後，他建立了年銷售額超過十億美元的全球性的大型聯合公司。

柯特既不需要股東，也不需要合夥人。他對自己充滿信心，認爲他的判斷比別人都更爲準確，他不想讓他們來打攪他的工作。卡特執政期間，美國遭遇了一段嚴重的經濟衰退期。在這個時候，柯特說了一番讓所有美國商人感到震驚的話。他說：「無論是今年和明年或者更長的時間，社會經濟狀況如何，對我的公司不會產生任何影響。無論有什麼情況發生，只要進入到一九八九年，我公司的銷售額一定能從原來的十億多美元，增加到四十億美元。」

最終，柯特提前十二個月就實現了自己的諾言，一九八七年的銷售額就達到了四十億美元，九〇年代初，他的銷售額猛增到九十億美元。他還說過：「人的整個一生都在賽馬，大部分都是和他自己競爭，因爲他前面沒有競爭對手。」

信心、目標、專心，使尤伯羅斯、柯特成爲最後的贏家。人們只要像他們一樣，肯定就會成功。沒有不被打破的世界紀錄，客戶永遠不會總是光顧一家公司，商界總是在生死之中變化和循環，它只爲那些有信心、有目標和專注事業的人們提供新的機會。

像尤伯羅斯、柯特這樣優秀的猶太商人，爲了能夠達到他們的賺錢目標，他們想到做到，所制訂的計畫由四個實際的重要內容構成：

第一，最大限度地去投入自己工作的精力；

第二，要尊重所有的人，包括所有的顧客、雇員，還有供應商；

第三，追求產品質量；

第四，出色的售後服務。

猶太商人認爲，自己給自己制訂的目標一定要實際，要有實現的可能性。一家公司所制訂的目標，能夠適應社會的發展和科學技術的進步，所以他們能以最低的成本製造出技術含量高的產品，從而獲得較高的利潤。

在猶太商人看來，樹立目標總離不開三個步驟：

第一個步驟，確立自己的目標；

第二個步驟，是制訂實現目標的計畫；

第三個步驟，是做出時間安排，確保計畫的實現。

猶太商人的抓錢術表明，人們的需要就是賺錢的門道；需要越迫切，財路就越闊綽。

猶太商人認爲，追求目標的大前提，是無論如何不能放棄，如果情況許可，也應具備適時擴大戰果的行動力。要做到這一點，必須具備冷靜判斷狀況的能力。以當時盛行一時的魔術方塊爲例：

二十世紀七〇年代末，歐洲人創造了「魔術方塊」。

當巴西人從報刊上看到歐洲玩「魔術方塊」的消息後，許多廠家都捕捉到了仿製「魔術方塊」塡補東方市場空白的機遇。於是紛紛行動，派人去歐洲考察，瞭解「魔術方塊」的生產情況。

作爲猶太商人，科萊爾敏銳地發現生產「魔術方塊」創造條件，自己也會有發展機遇。他於是靈機一動，致電他哥哥，將生產「魔術方塊」的技術資料，從歐洲電傳至巴西聖保羅，而後自己進行大量複製，同時將「魔術方塊」的廣告，在聖保羅四家電視台大肆播放，而且說明科萊爾公司將爲你提供全套技術資料。一時間，上百家塑膠廠爭相搶購，一度蕭條的科萊爾公司，因之而眨眼轉衰爲興，金錢滾滾而來。

只要有賺錢的機會，就上

善於抓住機會，並且敢想敢做，這一點直接關係到猶太人的生意的成敗。

韋爾在一九八一年六月做了一件使人費解、出人意料的大事情，他把自己辛辛苦苦花費了二十年時間創建的希爾森公司，出售給擁有雄厚資本的美國運通公司。雖然美國運通公司是一家大公司，他經營著信用卡、旅遊支票和銀行等業務，但韋爾的希爾森公司發展前景很好，而且韋爾到美國運通公司並未引起公司的足夠重視。

因此，許多人認爲韋爾這次是賠了進去，然而不久，人們就不得不嘆服韋爾的英明。現在韋爾在運通公司的職位只在董事長和總裁之下，他的股份總額有二千七百萬美元，個人年收入高達一百九十萬美元。

當然，韋爾爲發展運通公司也是兢兢業業，在他的一手策劃下，運通公司用五億五千萬美元，買進了南美貿易發展銀行所屬的外國銀行機構，這家機構經營外匯、通貨市場、珠寶貿易、銀行業務等。因此這樁大生意的成交，不僅是韋爾津津樂道的一件值得自豪的事，而且使韋爾在運通公司身價百倍，成爲華爾街的熱門人物。

由於公司的董事長常要外出應酬，所以美國運通公司的實權掌握在韋爾手中。在韋爾的領導下，公司各部門齊心協力、互助配合，使運通公司的利潤不斷增加。韋爾管理公司有方，突出的一點是善於協調上下級的關係。他常說「上級的責任在於給下屬鼓勵。當然，辦法很多，但是我善於和下屬融洽相處，不時傾聽他們的呼聲。同樣道理，下屬有責任發表意見，不讓問題愈積愈多，最終不可收拾。當主管的要當機立斷，不能含含糊糊，使下屬無所適從，或讓有些人鑽公司的漏洞。」

韋爾的成功之處有許多條，例如好勝心強烈、非常自信等，然而最重要的一條卻是：他知道在什麼時候做什麼樣的事，能夠抓住機會，敢想敢做。創業之初，對於合併與否，他果斷地拍板，後來，他吃小虧獲大利，與運通公司合併，現已成爲該公司第二號人物。韋爾的未來正如旭日東昇，在華爾街上空閃現輝煌！

再舉一個例子：哈默的成功之道——抓住機會，敢想敢做：

哈默在幾經失敗後，鑽探石油終於成功，這使他非常高興。於是他急急忙忙趕到太平洋煤氣與電力公司；心中拿定主意，準備與這家公司簽訂爲期二十年的天然氣出售合約。沒想到卻碰了一鼻子灰，太平洋煤氣與電力公司三言兩語就把哈默打發走了。他們說對不起，他們不需要哈默的天然氣，因爲他們最近已經耗費巨資，準備從加拿大向舊金山修建一條天然氣管道，大量的天然氣從加拿大透過管道可以輸進來。

這對哈默來說，無疑是當頭潑了一盆冷水，哈默一下子手足無措。等他冷靜後，他就很快找到了一條釜底抽薪的辦法，以制伏太平洋煤氣與電力公司。哈默趕往洛杉磯，因爲太平洋煤氣與電力公司賣到該市，是天然氣的直接承受單位。他與該市的議員繪聲繪色地，描繪了他計畫從拉思羅普修築一條直到洛杉磯市的天然氣管道的設想，他將以低於太平洋煤氣與電力公司和其他任何公司的價格供應天然氣，以此來滿足洛杉磯市的需要。議員爲之心動，準備接受哈默石油公司的計畫。

哈默的招數果然奏效，太平洋煤氣與電力公司得到消息後，一下子六神無主，很快的找到哈默，表示願意接受哈默的天然氣。這時的哈默可神氣了，他處於居高臨下，提出了一系列很苛刻的條件，對方只好乖乖地接受。

猶太人嗜錢如命，爲了賺錢，他們絞盡腦汁，用盡千方百計。

還有一個這樣的故事：

加利曾爲一個貧窮的猶太教區，寫信給倫貝格市一位有錢的煤商，請他爲了慈善的目的贈送幾車煤來。

商人回信說：「我們不會給你們白送東西。不過我們可以半價賣給你們五十車煤。」

該教區表示同意先要二十五車煤。交貨三個月後，他們既沒付錢也不再買了。

不久，煤商寄出一封措詞強硬的催款書，沒幾天，他收到了加利的回信：「……您的催款書我們無法理解，您答應賣給我們半價的五十車煤，二十五車煤正好等於您減去的價錢。這二十五車煤我們要了，但那另外的二十五車煤我們不要了。」

煤商憤怒不已，但又無可奈何。他在高呼上當的同時，卻又不得不佩服加利的聰明。

在這其中，加利既沒有要無賴，又沒有行騙術，他們僅僅利用這個口頭協定的不確定性，就氣定神閒地坐在家裡等人「送」來了二十五車煤。

這就是猶太人的賺錢高招。

猶太人愛錢，但從來不隱瞞自己愛錢的天性。所以世人在指責其嗜錢如命、貪婪成性的同時，又深深折服於猶太人在錢面前的坦蕩無邪。只要認為是可行的賺法，猶太人就一定要賺，合理地賺錢、眞正能將錢賺回來的才算聰明。這就是猶太人的經商智慧的高超之處。

瞄準富人的口袋，厚利適銷

眾所周知，「物美價廉、薄利多銷」是一種有效的競爭手段，也與一般消費者普遍心理特點相符的定價策略，但這種定價方法並不一定都奏效。

在猶太商人的眼裡，奇貨可居，採取高額定價必須以此爲基本原則。奇貨包括新產品、稀有品，更包括名牌產品。名牌產品，著重於名氣。換句話說，名氣就是本錢。而這些名氣，都是在價格的基礎上。就像皇帝有皇帝的氣派，大臣有大臣的架子。單不說皇帝，大臣外出就需八人抬大轎，鳴鑼開道，後邊還有一大批狗腿子前呼後擁，以示不同於一般人。

名牌產品在行銷中，一般以高額定價法爲主，能夠鞏固名牌的高貴地位，保持特優的身價，維護其至高無上的優勢和超額利潤。

以下的故事，可能會給人們帶來一些啓示：

美國亞利桑那州大峽谷沙漠中，有一家麥當勞的分店，遊人都對此很感興趣，他們總喜歡在此解決飲食問題，其實，這兒的價格要遠遠高於其他地方麥當勞連鎖店的價格，正如店家自認不諱的「本店價格最貴」，但人們似乎就根本不在乎，因爲「貴」與「被宰」是不一樣的，其貴在有理，且店裡有醒目的「誠告顧客」：

由於本地經常性缺水，所需用水是從六十英里以外運來的，其費用要高出常規的二十五倍，因爲雇員難尋，我們需支付較其他地方更高的工資，爲了在旅遊淡季也維持營業，本店還得隨季節性虧損，又由於遠離城市，地處偏僻，本店的原料運輸昂貴，所有這些因素使本店的產品價格昂貴，但我們爲的是向您提供服務，相信您會理解這一點。

話說到這裡，理由再明白不過了。遊人儘管吃著「最貴」的漢堡、熱咖啡、薯條，但沒人有被「宰」的感覺，反覺得錢花得「值得」。

一九九六年，美國十大商標中，麥當勞超過了可口可樂得到第一位。本來以麥當勞「世界各地一模一樣」的宗旨，它不應該在地理位置較差的地方提供同樣服務時，收取更高的價格，這個例外最根本之處，是它本身的聲譽，這也展現了美國人的精明之處，也是麥當勞之所以敢於宣稱「有教堂的地方就有麥當勞」的原因。

威望聲譽定價的另一種形式，是有意把某些商品價格訂高，目的並非銷售這種商品，而是帶動其他商品的銷售，如瑞士生產價格幾十萬美元的「勞力士」手錶，其實銷量很低，生產者並不關心此種手錶的銷售情況，而更感興趣的是藉這種昂貴手錶的聲望，增加其他手錶的銷量與信譽。

美國紐約的第四十二街上，有個生產經營服裝的猶太商人魯爾開設的經銷店，門面不大，生意也不怎麼興隆，魯爾專門聘請了高級的設計師，經過精心設計的世界最新流行款式的牛仔服首次上市銷售。他對這一產品寄託了很大的希望。企盼一舉改變自己經營不景氣的狀況。爲此，他投入了六萬美元的資金，首批生產了一千件，成本爲五十六美元，基於打開市場的需要，他採取了低額定價策略，把每件定爲八十美元，這在服裝產品定價中算是比較低的了。魯爾心想，憑著新穎的款式和低廉的價格，今天一定會開門大吉，發個利市。

魯爾親自出陣指揮，大張旗鼓地叫賣了半個月，購買者卻寥寥無幾。

急昏了頭的魯爾鐵了心，每件下降十元銷售，又呼天喊地叫賣了半個月，購買者卻仍不見多。估計著低價之下，必有勇夫，魯爾又降低了十元錢價格，這可是接近於跳樓價了，但銷售狀況仍是「外甥打燈籠——照舊」。向來不服輸的他，這時也顧不得那麼多了，乾脆大拍賣吧，每件五十元，工本費都不要了，實行賠本清倉，可是除了吸引了不少觀看者外，連原來還有幾個顧客的情形也更加不如了，購買者「落花流水春去也」，不再光顧。

徹底絕望的魯爾自認命該倒楣，索性也不再降低和叫賣了，他讓人在店前掛出「本店銷售世界最新款式牛仔服，每件四十元」的廣告牌，至於能否銷售出去，只好聽天由命了。在繁華的紐約大街上，有這麼便宜的東西，也可眞是少見。希望顧客們可憐一下吧。誰知，廣告牌一掛出，陸陸續續來了不少購買者，興致盎然地挑選起來。站在一旁的魯爾這回可傻了，呆若木雞地立在一旁。

原來，他的店員一時粗心大意，在四十元後多加了個零，這樣每件四十美元就變成了四百美元了，價格一下子高出十倍，購買者反倒一擁而上，不一會的工夫，倒還眞賣出了七、八件，並且隨後的銷售狀況是越來越好，「芝麻開花節節高」，生意空前的興隆。一個月過去了，雖然魯爾仍然是「丈二和尚摸不著腦袋」，糊裡糊塗地，他的一千件牛仔服已經全部銷售一空。差點血本全無的魯爾，轉瞬之間發了橫財，高興地不亦樂乎。

在採取低廉定價法讓魯爾一籌莫展的情況下，爲什麼意外導致的高價反而讓魯爾扭轉乾坤，一舉賺取了高出原來預期十倍的利潤呢？在魯爾想來，這或許是他暗中積了不少陰德，上天可憐之故。

其實不然，這是消費者的購買心理在作祟。魯爾的世界最新款式的牛仔裝，主要銷售對象是那些愛趕時髦的年輕人。他們的購買心理特點是講究商品的高檔次、高質量和時髦新穎。對服裝的需求不僅講求新，而且講求派頭，以滿足自己的虛榮心和愛美之心。雖然，魯爾的牛仔服裝款式新穎，但因爲開始定價太低，他們便誤以爲價低則質次，穿到身上有失體面；當後來價格爲高十倍時，他們便以爲價高而貨眞，因而踴躍購買。

當然，魯爾的牛仔服在當地屬於是「奇」貨，屬於道地的時新產品。因此，才能滿足這些消費者的需求，假如魯爾的牛仔服與一般的廉價貨毫無兩樣，價標得再高，也難以銷售，這些消費者可不是什麼等閒之輩。萬一他們發現上了一個天大的當，店鋪都得關閉。

古往今來，很多人在經商過程中，把「薄利多銷」作爲商場的金科玉律，但猶太人認爲進行薄利競爭是愚蠢之至，是奔向死亡的大競賽。他們還認爲，同行之間開展薄利多銷的惡性競爭，無疑是往自己的脖子上絞索。因爲「薄利」就展現了賣主對自己商品的不自信，有「因爲商品不好，所以才便宜賣」的意味。

猶太人對「薄利多銷」的行銷策略往往這樣嘲弄道：「爲什麼要『薄利多銷』，爲什麼不『厚利多銷』呢？」他們認爲，在靈活多變的行銷策略中，爲什麼不採取上策而採用下下策？賣三件商品所得的利潤，只等於賣出一件商品的利潤，上策是經營出售一件商品。這樣，既可省了各種經營費用，還可保持市場的穩定性，並很快可以按高價賣出另外兩件商品。而以低價一下賣了三件商品，市場飽和後，再想多銷也無人問津了。「薄利多銷」只能是「搬起石頭砸自己的腳」。

猶太商人的「厚利適銷」策略，是行銷學中定價策略的一種。在行銷學中一般有五種定價策略：

1. **撇開定價策略**。這是一種以高於成本很多的定價投放新產品的策略。有些新產品由於率先推出，以奇貨自居，一般採取這一策略。如二十世紀六〇年代初，日本率先推出袖珍計算器，每個售價一百多美元，其實際成本不足十美元。

2. **價格滲透策略**。這一種定價策略與撇開定價策略恰好相反，產品的價格過低，以此來排除競爭對手，迅速地占有市場。

3. **折扣或讓價策略**。這種價格策略，是透過變通辦法給購買者以優惠，並鼓勵其積極購買和如期支付貨款，它傾向於薄利多銷。

4. **綜合定價策略**。這種經營方式是經營者根據市場競爭中的位置，採取部分產品價高、部分產品價低；或者把產品銷售的有關因素都包括進去，以此定價來銷

售。

5.心理定價策略。這種定價策略滿足各類型消費心理。人們購買商品時，具有各自不同的心理，部分人出於實用性，部分人出於好奇心，部分人出於自尊心，部分人出於顯示富貴。在不同的心理基礎上定價，可以刺激顧客的購買欲。猶太商人的「厚利多銷」策略，應用心理定價與高定價思想的策略，由於運用得當，所以其技巧獨特。

猶太人在經營活動中，除了堅持「厚利多銷」的做法外，爲了避免其他人的「薄利多銷」的衝擊，他們寧願經營昂貴的消費品，不經營低價的商品。爲此，世界上經營珠寶、鑽石等首飾的商人中，猶太人居多。猶太人選擇這個行業爲主，顯然是避開那些以薄利多銷的競爭者，因爲這些競爭者一般沒有資本或力量經營首飾類資本密集型商品。

猶太人的「厚利適銷」行銷策略，是從有錢人作爲著眼點的。名貴的珠寶、鑽石、金飾，一擲千金，只有富裕者才買得起。既然是富裕者，他們付得起，又講究身分，對價格就不會那麼計較。相反地，如果商品定價過低，反而會使他們產生懷疑。猶太人抓住富裕者「價低無好貨」的消費心理，開展厚利策略經營，即使經營非珠寶、非鑽石首飾商品，也是以高價厚利策略行銷，如美國最大的百貨公司之一梅西百貨公司，它出售的日用百貨品，總要比其他一般商店同類商品價高50％，它的生意仍比別人要好。

猶太人的高價厚利行銷策略，表面上是從富有者著眼，事實上是一種巧妙的生意經。講究身分、崇尚富有的心理，在整個社會乃比比皆是。在富貴階層流行的東西，很快就會在中下層社會流行起來。據統計和分析，在富有階層流行的商品，一般在二年左右時間，就會在中下層社會流行開來。道理很簡單，介於富裕階層與下層社會之間的中等收入者，他們總想進入富裕階層，由於虛榮心理的驅使，爲了滿足心理的需求或其他原因，總要向富裕者看齊。

爲此，富裕者購買高貴的新商品。而下層社會的人士，往往力不從心，價格貴昂的商品消費不起，但崇尚心理作用總會驅使一些愛慕富貴的人行動，他們也不惜代價而購買。這樣的連鎖反應，昂貴的商品也成爲社會流行品。可見，猶太人的「厚利適銷」策略是「醉翁之意不在酒」，同樣是盯著全社會的大市場。

此外，猶太人的「厚利適銷」定價策略，對顧客的購買欲產生了強烈的刺激作用。

當機會出現時，不要怕冒險

猶太人能夠獲利的關鍵在於決策正確，這就要求生意人應當有相應的素質。

一是知彼知己、善於審時度勢，及時把握市場的動向、消費者的需求；準確地對競爭對手進行判斷，知其力、料其行，先發制人，搶占市場。

二是揚長避短、出奇制勝。充分揚己之長，從長處謀利，因利動止，並注意用自己的優勢，在時間速度上要奇，在產品設計上要奇，在經營銷售上要奇，使競爭對手難以意料或難以仿效，從而迅速收回投資並賺回期望的目標值。

三是見機行事、善於操縱商機。緊瞅市場上一切有「利」可圖的機會，主動出擊。在具體做法上，或施小利誘對手而動，或放棄眼前的小利，使競爭對手進入誤區，從而使自己有大利可圖。

「投機家」是猶太商人的別名。無論在西方還是中國，在相當長的一段時間裡，「投機」這個詞都帶有某種貶抑的色彩。現在不同了，經濟學家們給「投機」換上了一個恰如其分的雅稱，名之為「風險管理」。這個名稱一改，猶太商人也由原來的「投機家」變成了「風險管理家」。

確實，猶太商人長時期不是在做生意，而是在「管理風險」，就是他們本身的生存，也需要有很強的「風險管理」意識。猶太商人不能乾坐著等「驅逐令」之類的厄運到來，也不能毫無準備地到時候措手不及。在每次「山雨欲來風滿樓」時，他們都需要準確把握「山雨」到底會不會來，來了會有多大。這種事關生存的大技巧一旦形成，用到生意場上去就遊刃有餘了。

除此之外，也許與猶太商人經商時的積極樂觀態度也有很大的關係。

猶太民族歷經劫難，但在看待事物的發展趨勢時，卻常抱樂觀的態度，並採取相應的行動。事實是，無論經商還是做任何事，樂觀者總要多點機會，投中的次數也更多一些。

在紐約有一個大美術商勞埃德，極具冒險精神。一九三八年三月，德國軍隊越過了奧地利邊境，勞埃德趕在希特勒到達維也納之前，帶著些許的美元輾轉來到倫敦，並於一九四八年創立了「馬爾伯勒高雅藝術陳列室」。主要爲英國許多顯赫的家族出售其收藏的藝術珍品，後來經營現代派的繪畫作品。短短的六年，就成爲現代派美術作品最大的出口代理商，他的買主中，包括教皇保羅六世在內。

勞埃德對美術作品興趣不大，只關心透過作品的買賣賺大錢。所以，他採取了純商業式交易和職業化的處理，其作品大部分都是代銷的，美術館只在生意結束後收取佣金。但美術館除了場地以外，還提供廣告、推銷、郵寄、保險和運輸等全套服務。所以美術家對勞埃德的服務很滿意，他們的作品在這裡不僅可以賣到最高價，而且不管銷售情況如何，美術館都給予他們穩定的生活津貼，乃至於各國的畫家都願意與他們來往。

目前，美術館已成爲一個世界美術界的超級大國，它在蘇黎士、羅馬、東京、倫敦、多倫多、蒙特婁都設有分館，每年的銷售總額爲二千五百萬美元，占世界美術品市場的5％到10％。

一九六三年，俄國著名畫家抽象印象派大師羅斯科，賣給馬爾伯勒美術館十五幅作品，價格十四萬七千六百美元，全部畫款在四年內結清。到一九六九年，羅斯科的作品上漲到每幅二萬一千美元，這時，勞埃德又與羅斯科簽訂了一個協定，商定以一百零五萬美元的價格出售八十七幅作品，後又把價款總額提高到一百四十四萬六千美元，議定出售一百零八幅作品。

同時商定，在以後的十四年中，不管勞埃德或美術館的經營狀況如何，都由羅斯柴爾德銀行每年向羅斯科支付十萬美元，爲此，美術館向該銀行抵押了數量可觀的財產作爲回報。美術館取得了今後八年中羅斯科的獨家代理商資格。這種不顧藝術潮流和美術家創作狀態變化的「賭注」，無疑是極具風險的，而實際情況是協定執行不到一年，羅斯科就刎頸自殺，勞埃德被羅斯科的子女提出訴訟，送上了法庭。

但只要拋開別的，僅僅從勞埃德這種無所顧忌地將風險帶到美術品市場的行爲上，足以看出猶太美術商獨具一格的眼光和魄力。

時代的進步，使猶太人的這種風險觀愈發光輝奪目。現在，所有的企業經營管理者都面臨著預測問題，每一件新商品的問世，都是一次風險與機會的抉擇。要生產就要冒風險，而不冒風險就難以抓住機會。但是，承擔風險不是盲目蠻幹，在果敢的行動背後，應該有深謀遠慮的計畫，應該有細心的籌劃和安排。只有智勇雙全、精於計算、因利而動，才能獲取最大利益。

風險大，利潤才會大

猶太商人也有一種理念，就是「只要值得，就要去冒險」，這種在風險中淘金的做法，是猶太商人非常令人折服的一種投資方法。下面這個例子可以說明這一點。

一八九八年五月二十一日，阿曼德・哈默生於美國，他上大學時，就開始經營父親留給他的藥廠事業，成效顯著，他因之而成爲當時美國唯一的百萬富翁大學生。一九二一年趕赴蘇聯，成爲貿易代理人，聚集了巨額財富。一九五六年，五十八歲的哈默收購即將倒閉的西方石油公司，並成爲世界最大的石油公司的經營者。

一九七四年，哈默的西方石油公司年收入達到六十億美元的驚人數字。哈默一生與東西方政界領導人關係密切，聲譽傳遍全球。

經常有人向哈默請教致富的「魔法」。他們堅持認爲：哈默發大財靠的不僅是勤奮、精明、機智、謹慎之類應有的才能，一定還有「秘密武器」。

在一次晚會上，有個人湊到哈默跟前，請教「發財的秘訣」，哈默皺皺眉說：「實際上，這沒有什麼。你只要等待俄國爆發革命就行了。到時候打點好你的棉衣儘管去，一到了那兒，你就到政府各貿易部門轉一圈，又買又賣，這些部門大概不少於二、三百呢！……」聽到這裡，請教者氣憤地嘟噥了幾句，轉身走了。

其實，這正是二十世紀二〇年代時，哈默在俄國十三次做生意的精闢概括，其中包含著他的生意的興隆與衰落、成功與失敗的種種經歷。

一九二一年的蘇聯，經歷了內戰與災荒，急需救援物資，特別是糧食。哈默本來可以拿著聽診器，坐在清潔的醫院裡，不愁吃穿的安穩度過一生。但他厭惡這種生活。在他眼裡，似乎那些未被人們認識的地方，正是值得自己去冒險、去大幹一番事業的戰場。他做出一般人認爲是發了瘋的抉擇，踏上了被西方描繪成地獄似的可怕的蘇聯。

當時，蘇聯被內戰、外國軍事干涉和封鎖弄得經濟蕭條，人民生活十分困難；霍亂、斑疹、傷寒等傳染病和饑荒嚴重地威脅著人們的生命。列寧領導的蘇維埃政權採取了重大的決策——新經濟政策，鼓勵吸引外資，重建蘇聯經濟。但很多西方人士對蘇聯充滿偏見和仇視，把蘇維埃政權看做是可怕的怪物。到蘇聯經商、投資辦企業，被稱做是「到月球去探險」。

哈默心裡當然也知道這一點，但風險大，利潤必然也大，值得去冒險。於是哈默在飽嘗大西洋中航行暈船之苦，和英國秘密警察糾纏的煩惱之後，終於乘火車進入蘇聯。沿途景象慘不忍睹：霍亂、傷寒等傳染病流行，城市和鄉村到處有無人收殮的屍體，專吃腐屍爛肉的飛禽，在人的頭頂上盤旋。哈默痛苦地閉上眼睛，但商人精明的頭腦告訴他：被災荒困擾著的蘇聯，目前最急需的是糧食。

他又想到這時美國糧食大豐收，價格早已慘跌到每三十五公升一美元。農民寧肯把糧食燒掉，也不願以這樣的低價送到市場出售。而蘇聯這裡有的是美國需要的，可以交換糧食的毛皮、白金、綠寶石。如果讓雙方能夠交換，豈不兩全其美？從一次蘇維埃緊急會議上，哈默獲悉蘇聯需要大約三千五百萬公升的小麥，才能使烏拉爾山區的饑民度過災荒。機不可失，哈默立刻向蘇聯官員建議，從美國運來糧食換取蘇聯的貨物。雙方很快達成協定，初戰告捷。

沒隔多久，哈默成了第一個在蘇聯經營租讓企業的美國人。此後，列寧給了他更大的特權，讓他負責蘇聯對美貿易的代理商，哈默成為美國福特汽車公司、美國橡膠公司、艾利斯—查爾斯機械設備公司等三十幾家公司在蘇聯的總代表。生意越做越大，他的收益也越來越多。他存在莫斯科銀行裡的盧布數額驚人。

第一次冒險使哈默嘗到了巨大的甜頭。於是，「只要值得，不惜血本也要冒險」，成了哈默做生意的最大特色。

出其不意的商業策略

在生意場上，有一些生意人擺出架式，準備進行持久的拉鋸戰，而且他們置生意的截止期於不顧。對此，猶太商人主張以出其不意的方法，提出時間限制。這一策略要點包括，在生意場上來個突然襲擊、改變態度，使對手在毫無準備的情況下束手無策、不知所措。

對方原認爲時間寬裕，但突然獲得終止談生意的最後期限，而這個生意是否成功，對自己至關重要，不可能不感到手忙腳亂。由於他們很可能在資料、條件、精力、思想、時間上準備並不充分，在經濟利益和時間限制的雙重驅動下，只得屈服，並在協定上簽字。

美國汽車巨子艾科卡在接管瀕臨倒閉的克萊斯勒公司之後，他感到自己的第一步任務就是壓低工人薪資。他首先降低了高級職員的薪資的10％，自己也從年薪三十六萬美元減少了十萬美元。隨後他對工會領導人講：「十七元一小時的工作是有的，二十元一小時的工作一件也沒有。」這種強制威嚇且毫無策略的話語當然不會奏效，工會當場拒絕了他的要求。雙方僵持了一年，始終沒有進展。

後來艾科卡心生一計，一日，他突然對工會代表們說：「你們這種間斷的罷工，使公司無法正常運轉。我已跟勞工輸出中心通過電話，如果明天上午八點你們還不開工的話，將會有一批人頂替你們的工作。」

工會代表嚇壞了，他們本想透過談判，從而在薪資問題上取得新的進展，因此他們也只在這方面做了資料和思想上的準備。沒料到，艾科卡竟會來這麼一招！被解聘，意味著他們將失業，這可不是鬧著玩的。工會經過短暫的討論之後，基本上完全接受了艾科卡的要求。

艾科卡經過一年曠日持久的拖延戰都未打贏工會，但出其不意這一招竟然奏效了，而且解決得乾淨俐落。

出其不意的提出時間限制這一策略，講究一個「奇」字，它並非一個無往不勝的利器，一旦被對方預料到最壞後果，並做出準備，最後通牒的威力便發揮不出來了。

這裡有一個反例：美國通用電器公司與工會的談判中，採用「提出時間限制」的技巧長達二十年。這家大公司在剛開始的時候，使用這一方法屢屢奏效。但到一九六九年，電氣工人的挫敗感終於爆發。他們料到他們最後肯定又是故技重演，提出時間限制相要挾，在做了應變準備之後，他們放棄了妥協，促成了一場超越經濟利益的罷工。

一般來說，在採用這種方法時，要注意：

首先，出其不意的提出最後期限，要求談判者必須語氣堅定，不容通融。運用此道，在談判中首先要語氣舒緩，不露聲色，在提出最後通牒時要語氣堅定，不可使用模稜兩可的話語，使對方存有希望，以致不願簽約。因爲談判者一旦對未來存有希望，想像將來可能會給自己帶來更大的利益時，最後就不肯簽約。故而，堅定有力、不容通融的語氣，會替他們下定最後的決心。

其次，提出時間限制時，時間一定要明確、具體。在關鍵時刻，不可說：「明天上午」或「後天下午」之類的話，而應是「明天上午八點鐘」或「後天晚上九點鐘」更具體的時間。這樣的話會使對方有一種時間逼近的感覺，使之沒有心存僥倖的餘地。試比較一下這兩種最後通牒的效果：「我們必須做出決定，否則我們只好另外考慮辦法了。」、「我們必須今天就做決定。二十點以前，貴方應對我們的條件給予愼重考慮，否則我們將考慮與其他公司成交。」顯然地，後一種說法語氣堅定且時間緊迫，不給對方留下任何考慮的餘地。

再次，以具體行動來配合所提出的最後期限。用具體行動來實現最後期限，勢必會使對方的神經繃得更緊。具體做法是：收拾行李；與旅館結算；預訂車船機票等。

最後，讓談判的長官發出最後通牒，使其具有更強大的威力。在一般人看來，人的級別越高，講話越有分量。當然，出其不意地制勝對方時，必須掌握語言分寸，不言過其實，一定要自己擺出一個談判務實主義者的風度，這就要求：

第一，抓住對方成交心理，使其產生心理壓力；

第二，不要貪得無厭，應做到適當的讓步；

第三，堅持用客觀條件說服對方，使其心說誠服；

第四，不要高高在上，以勢壓人。

分散投資，總有一邊能得到好處

猶太人認爲，用錢追錢，跟人相比，當然要快得多。即「人找錢」要弱於「錢找錢」。所以要學會投資的本領。

無論哪項投資，都存在著波動性，時好時壞，假如你把大部分的資產投入到一種投資項目中，也許你因押對而得到了很大的回報，可是你一敗塗地的可能性也是相對的提高。但是，如果你分散投資，你所投資的種類越多，你所得到的好處的可能性就越大。分散投資的基本原理，就是在風險與報酬之間做一個合理的取捨。

例如有一項投資組合含有十種股票，每種股票的期望報酬率介於10%～20%之間。若投資者願意冒較大的風險時，那麼，他可能將所有資金投入報酬率爲20%的股票上，此時他獲取20%的報酬率的機率是很低的；倘若他分散投資，他將以較大的機率獲取15%的報酬率。如此便達到了降低風險的效果。它和將雞蛋分散放在不同的籃子裡一樣，即使一個籃子打翻了，還可保有其餘的蛋，其講述的是同一個道理。

分散投資目標，就是增加投資的種類，例如購買股票時，不要只買一種股票，而是將投資金額分開，同時購買各種股票。投資資金比較大時，不要只投資在單一的投資目標，除了股票外，房地產、黃金、藝術品等都應分散投資。分散投資之所以具有降低風險的效果，就是憑藉各投資標的間不具有完全齊漲齊跌的特性，即使是齊漲或齊跌，其幅度也不會相同。

所以，當幾種投資組成一個投資組合時，其組合的投資報酬是個別投資的加權平均數，因此，幾個高報酬的組合在一起，仍能維持高報酬率。但其組合的風險，卻因爲個別投資間漲跌的作用而相互抵消部分風險，因而能降低整個投資組合不確定與不穩定的風險。隨著投資組合中投資種類的增加，投資組合的風險也隨著下降，這就是爲什麼分散投資、增加投資種類可以降低風險的道理。

組合中各投資標的齊漲齊跌的現象愈不明顯，或是報酬率呈現相反走勢的現象，則其分散風險的效果就愈好。儘量選擇價格走勢與原有投資組合相反的投資標的，例如，黃金就是個分散風險的好標的。從過去黃金價格波動的情況看，它是個風險相當高的投資，但是黃金價格的走勢和股價走勢不是成正比，而是恰恰相反，當通常股價在下跌時，黃金價格就有上漲的傾向，尤其是遇上國際間重大事故，如戰爭、政變、通貨膨脹時，導致股價大跌，黃金價格反而上漲，所以它是個分散風險的好標的。

若將此原則延伸至股票投資，爲了達到較好的分散效果，最好選擇不同產業的股票。因爲共同的經濟環境會對同業或相鄰行業的公司，帶來相同的影響，只有不同行業、不相關的企業，才有可能此損彼益。即使有不測風雲，也會「東方不亮西方亮」，不至於「全軍覆沒」。

在實際投資中，並不是投資種類越多越好。據經驗統計，在投資組合裡，投資標的增加一種，風險就減少一些，但隨標的物的增多，其降低風險的能力就越來越低。當達到一定量時，減少風險的能量就很少了，這時爲減少一點點風險而增加投資標的，可能反而會得不償失，因爲隨著標的增多，支付的精力和銷售佣金等方面的費用都相應增加。所以，進行投資組合要把握一個「量」的問題。同時，投資組合並不是投資元素的任意堆積（如一些由高級債券所形成的投資組合的意義並不大），而應是各類風險的投資的恰當組合，也就是說，還要把握一個「質」的問題。最理想的投資組合體的標準是收益與風險相匹配，使投資人在適合的風險下，獲得最大限度的收益。

不要只顧著分散風險，必須要衡量分散風險產生的效果，能否涵蓋管理所付出的成本。隨著投資種類的增長，風險固然下降，相對的管理成本卻因而上升，因爲要同時掌握多種資產的動向並非易事。

當然，分散投資並不是風險消除器。最佳的投資組合也只能消除特異性風險（即不同公司、不同的投資工具所帶來的風險），而不能消除經濟環境方面的風險。風險管理的目的，不是完全消除風險，只是瞭解風險、降低風險、駕馭風險。

猶太商人認爲，公司如果有閒置的資金，就應當用來進行投資，這可以說是一種生財之道。但這絕不意味著這筆資金投出去就一定能賺錢，因爲任何一項投資都必然存在著一定的風險。

投資與公司的命運緊密相連，是決定公司興衰存亡的關鍵。如何把握左右公司投資的因素，是確保投資成功的重要一環。影響公司投資的因素很多，其中下面幾個因素的作用尤爲突出：

一、市場需求動態

各種商品的供需狀況和發展趨勢，都會透過市場反映出來。公司在進行某項投資之前，首先應該對此項投資所產產品的市場供需狀況進行預測。只有當市場上有足夠大的容量之下，而且產品能順利地銷售出去的話，才能進行投資。

二、預期收益水準

投資的根本目的在於取得滿意的回報。預期收益水準對企業投資的回收速度及投資收益，有著直接而重大的影響。預期收益水準只有高於同業的基本收益率或資金的市場利率，公司投資才有效益。

三、技術進步

事實上，投資常常就是出於技術進步的需要而進行的。當某一行業的技術進步速度加快時，其內部的投資機會便會大大增加，從而引起該行業內廠商投資水準相應提高。在這種情況下，公司即便僅僅出於維持生存著想，也會產生投資要求。

當然，技術進步對公司投資需求水準的影響，並不僅僅限於其所發生的行業內部，由於各個產業部門之間存在著密切的相關性，它們互以對方的產品作爲供需對象，所以，某一產業領域中技術進步的加快，往往會帶動其他產業領域的投資水準提高。

總之，只要社會生產的技術變革速度加快，無論這種變革是全面性的還是結構性的，都會推動公司的投資需求擴大。

四、投資環境

認眞分析投資環境，是做好投資決策的基本前提。猶太人認爲，對於投資具有明顯影響的環境因素，主要有以下幾個方面：

1.政治形勢。主要包括政局是否穩定，有無戰爭或發生戰爭的風險，有無重大政策變化等。要預測好政治形勢，必須注重瞭解國家的有關政策、方針、法律、規定、規劃等。

2.經濟形勢。主要包括經濟發展水準、經濟增長的穩定性、勞動生產率、國家經濟結構和國家產業政策等。經濟形勢常常決定著公司投資的類型和規模。

3.文化狀況。主要指不同地區居民受教育的程度、宗教、風俗習慣等。公司投資時，必須要考慮是否符合該地區的社會規範。

4.相關資源。原材料、燃料等各種資源對公司來說，如同食物對人的生存一樣重要。公司在投資之前，必須對所需資源的供應狀況、供應價格做出準確測算。

5.相關優惠政策。指與特定投資專案有關的稅收、進出口許可、市場購銷等方面的優惠。

6.投資地區的軟硬體環境。公司在投資之前，還應對投資地區的地理環境、基礎設施狀況和相關的軟體環境進行全面考察。

五、投資者的決策能力

投資者的決策能力，是指投資者根據生產經營環境和公司經營實力，從不同的投資方案中，擇定公司發展方向和戰略目標的能力。主要表現爲下面幾點：

1.敏銳的捕捉能力。投資的機會很多，但並不是每種投資機會都對長遠發展有利。投資者必須綜合公司的目標、市場未來的走向、新技術發展狀況等多方面因素，排除各種虛假資訊的干擾，找準投資目標。

2.靈活多變的適應能力。投資目標確定以後，尚有許多問題有待解決。這些問題可能無法解決。因此，投資者應借助公司員工、智囊團或外部投資諮詢機構的力量，共同探討解決問題的途徑。

3.決策的優化能力。在進行投資決策時，投資者必須具有紮實的財務基礎和經濟分析能力。善於結合公司的實際情況，在公司投資收益與投資風險關係中，尋找一種優化平衡。在決策中，作爲投資者必須認識到，任何一項投資決策都不會是盡善盡美的，投資者尋求的，僅是一種滿意的解決方案，而不是最優的解決方案。

4.投資者的自檢能力。投資決策付諸實施以後，主客觀條件仍在不斷地發展與變化。比如，出現某種新的工藝技術，就可能引起生產經營的突變。爲保證投資決策能在動態環境中順利實施，投資者應不斷對自己選定的投資方案進行檢測，並及時調整或修正。

5.投資風險。在投資中，風險的大小通常起著決定性的作用。準確測定投資的風險性是不可能的，否則也就不用談風險了。但是，對不同投資內容的風險做大致的估測，還是能夠做到的。因爲投資風險隨著投資過程的延長而相應增大，因此，投資期越長的專案，對風險的分析測量就越重要。

6.融資條件。投資需要耗費大量資金，特別是規模較大的投資活動，僅靠動員自身財力一般是無法完成的。所以，如果融資場所不足、融資工具不多、融資成本較低、進入資金市場的管道不暢通，以及公司本身的資金實力不足等，都會對企業的投資產生影響。

在猶太商人看來，作爲投資決策者，必須對投資所面臨的風險以及影響這些風險的各種相關因素，有一個全面而深刻的認識。否則，一旦操作不當，這把雙刃劍就會給自己帶來重大的損失。

PART 5

第五章

超優而且內斂的特質

猶太人的經商動力

熱衷慈善，關注倫理道德

根據歷史學家的說法，「在古代或中世紀，沒有一個猶太學者致力於對經濟事實和傾向做詳盡的解釋……，沒有一個猶太人曾寫下過關於經濟行程的著作。」

爲什麼被稱爲全球第一商人的猶太人，這麼忌諱談到經商的問題，可他們又總是在奮力爭取商業的成功，同時也在被認可的行爲準則和道德規範的邊緣活動，而他們的財富又引來了這麼多人的爭議呢？

透過前面的分析，猶太商人在經營中的一些謀略、商法和反映這些經營理念的小故事，我們會發現，在猶太人的商業活動中，並不是沒有規則的。比如說他們的契約精神，一旦訂立了契約，就會嚴格遵守，這樣既能使經營活動有序地進行，同時也避免了很多以後的糾紛和麻煩。正是由於這些規則的存在，才使得猶太人在他們活動的每一個地域範圍內，取得了經營上的成功，積聚了巨大的財富，贏得世界商人的美譽。

猶太商人重視規則和法律，但又總是在規則和法律的範圍之內的邊緣上活動。他們既遵守了規則，又最大限度地利用這些規則。對於這一點的一個普遍說法是，猶太商人善於利用法律的漏洞。

「雞蛋再硬也打得碎」。原因是無論如何，再密的雞蛋殼總是有縫隙的。可見，世上並沒有十全十美的事。

猶太人衡量事物的標準是，六十四分就算及格，一百分為滿分。而實際上得滿分的事物是不存在的，但是達到及格的事物倒是不少。對於法律也是如此。全國各地的法規或世界各國的法律，幾乎沒有能達到一百分的最高水準。就連法律最為健全的法制國家，法律漏洞也不少。時常有人鑽法律漏洞，做盡壞事卻逍遙法外。滿一百分的法律沒有，僅達六十四分的要求一定不算少。想經商賺錢的人，不可能不去熟讀有關的法律。在本國經商的人，必須熟知自己國家的法律；在外國經商的人，必須熟讀所在國家的商業法規及有關的法律，相信一定能在人為的法規中找出漏洞，找出賺錢的方便之門，或者找出從事某項企業有利的規章。

在猶太人的商法中，有一條是不要受太多的束縛，敢於「創新」。各國的法律、條文太多，對商人來說，束縛太多，並不利於賺錢。在商人看來，約束越少越便於賺大錢！如何才能擺脫法律的約束，而又不受其懲罰呢？唯一的辦法就是尋找法律的漏洞。

世界上所有的東西都不是完美的，更何況是人爲的法律。完全健全的法律是不存在的，所以，只要你仔細研究，認眞尋找，一定會找出不少的漏洞。

這些漏洞對商人是絕對有好處的，它能使熟諳於法律的商人們，既乘法律漏洞走方便之門，又借助法律維護自己的利益不受侵犯。眞是一箭雙雕、一舉兩得。政府奈何不了他，又不得不保護其利益，而他們卻遨遊於法律之中，充分享受法律規定的權利而逃避一定的義務。

猶太人認爲，沒有熟讀法律的商人，不是個成功的商人，也賺不了大錢！

因爲任何賺大錢的人，是遵守不了法律的，他們太精明了。現有的法律無法束縛他們。老老實實地遵循法律條文，肯定是個頭腦守舊、不懂變通的古板的人，這種人不可能成爲出色的商人。不讀法律、不懂法律的人，根本不是商人，因爲連法律都不懂，就不可能知道如何保護自己的利益而不受侵犯。在商場上，利益侵犯是常事，所以這種人在初次交手中，就將被「吃」掉了。商場如戰場，這種人在戰場上是必敗無疑的，所以，不懂法律的人不是商人，他連自己都無法保護，更別提利用法律賺錢！

利用法律賺錢，是猶太人的又一成功得意的經驗。猶太人對法律的鑽研是有一定的深度的。還記得那個有關「從身上割一磅肉」的故事嗎？夏洛克是要用法律來打敗對方。契約上寫明割一磅肉，可是聰明的夏洛克卻也有疏忽之處，沒寫明一磅肉是不是帶血的，最後因爲這一無足輕重的細節疏忽，不但沒有解成心頭之恨，反而打輸了官司，斷送了全部財產。

這是一個有關契約漏洞和鑽其漏洞的例子。在國外經商的商人，熟知所在國的法律，就等於取得了一張王牌，只要再加上一定的技巧，那麼就勝券在握了！鑽外國法律的漏洞，是非常有益於賺錢的。法律越不健全的地方，鑽其漏洞就越容易。

上面所說的是利用法律的一個極端的例子，但遵守法律是商業活動中一個最起碼的準則，如果不懂法律或不熟悉法律，那麼經營中必定會遇到大問題，或是違反了法律的準則，或是由於疏漏而造成損失。在這一點上，我們不能不再一次佩服猶太商人的精明。

但遊移於規則與法律的邊緣的限度在哪裡呢？利用法律和違規之間有無聯繫呢？有這樣一個關於違規的例子。

早年，沃爾夫森借了一萬美元，把一個廢鐵工場辦成了一個贏利很高的企業。到二十八歲時，沃爾夫森的財產第一次突破了百萬美元大關。一九四九年，他以二百一十萬美元的價格買下了首都運輸公司，隨後沃爾夫森決定收購一個眞正的大公司——蒙哥馬利·沃爾夫森公司。該公司在休厄爾·埃弗里的領導下，穩守著三億美元的閒置資產過日子。沃爾夫森的想法遭到埃弗里的拒絕，沃爾夫森在這場代理人之戰中敗下陣來。

沃爾夫森買下其他公司的股份（他一度是美國汽車公司的最大股東）之後，把主要力量投入興辦梅特里—查普曼和斯科特公司。這家公司被有些金融觀察家認作是聯合大企業之父，包羅了造船、建築、化工和發放貸款等方面的業務。公司的銷售總額達到五億美元左右，但這些性質各異的要素，從來沒有眞正成爲一個整體，公司留下的是一條飄忽不定的經營軌跡。

在所有的收購和交易活動中，沃爾夫森常常與證券交易委員會發生抵觸。該委員會訴諸法律，並獲得了針對他在出售自己的美國汽車公司股票時，所做的虛假聲明的法院強制令，這個聲明會使人誤解。證券交易委員會還以類似的理由，就他在梅特里—查普曼公司股票上的交易訴諸法律。沃爾夫森被裁定犯有僞證罪和圖謀妨礙司法罪。

沃爾夫森的交易，始終處在某些管理機構的審視之下。有一次他抱怨說，「像我這樣受到這麼多調查委員會調查的企業家，在美國找不出第二個。」最後，在經營大陸實業公司——一家由他控制的公司的未記名股票交易時，言語不檢點終於把他推上了與證券交易委員會嚴重對抗的位置。這個管理機構面對日益增多的白領金融犯罪活動，正想開創一個懲處從事歪門邪道的金融家的先例。沃爾夫森是一個適當的人選：知名度高、受人尊敬、具有盡人皆知的金融權力。

在一份非同尋常的起訴書（這樣一種行爲被歸入範疇，也許還是第一次）中，證券交易委員會指控說，正當沃爾夫森出售未記名股票的時候，大陸公司發布了有利於他的新聞稿，聲稱公司已批准生產一種煙霧閥。換言之，沃爾夫森在發布股票行情看漲的消息，同時從中漁利。沃爾夫森反駁說，政府在捕風捉影、小題大做，他的這種做法只是一種技術犯規。

而且他本人是無辜的，因爲他只是按照他的經營團隊和顧問們的意見行動。這一訴訟由合眾國代理人羅伯特・摩根索提出起訴。沃爾夫森所作的辯護，即：他是公開地和光明磊落地進行這次股票出售的，他是以自己的名義，而不是透過國外操盤商帳戶進行出售的，以及他甚至把這次出售向證券交易委員會報告過等，都被駁回。最後，判定有罪處監禁一年。

到這個時候，梅特里—查普曼和斯科特公司已在清算之中，他的企業帝國的其他部分也土崩瓦解。十年的股東訴訟和與政府打官司，耗費了他幾百萬美元以及他的健康，最後還有他的自由。一九六九年春的一天，沃爾夫森因爲在金融方面做了像在人行道上吐痰之類的事情而鋃鐺入獄。至此，這個故事或許可以結束了。

然而，這還不是故事的結局，因爲沃爾夫森在倒下時，還掀翻了美國最高法院中的一個「猶太人席位」。

沃爾夫森在其事業順遂的年月裡，自然結交許多有權有勢的朋友，其中特別是林頓．約翰遜和阿巴．福塔斯兩人。確實，在入獄前不久，沃爾夫森還吹噓過，他本來可以獲得總統特赦，這是「某個像任何人一樣接近」約翰遜總統的人向他提出來的。

沃爾夫森認爲自己是精明、機靈、有良好的關係和影響力的，他的同伴也同意這種看法。然而，他卻越出了法律的界限，雖然只是那麼一點點，逾越了被認可的行爲準則，使他的生涯在最高點上中止了，最後鋃鐺入獄。當然，沃爾夫森只能代表他自己，在猶太商人中，大部分人一直在恪守著法律和規則，雖然他們其中有很多人在法律的邊緣冒險。這中間也有很大一部分和猶太人的歷史不無關聯。猶太人是一個流浪的民族，他們不能不在客居的環境中謀求生存，所以一方面，他們在主流文化和偏見歧途的夾縫中，利用一切求得生存；另一方面，他們奉信譽爲第一，因爲每一個猶太個體的行爲，都會影響到整個猶太群體的形象和聲譽。這也許正是猶太商人重視契約、信守諾言、遵守時間的一個原因。

猶太商人在這方面的又一展現是，不做漏稅的商人。要說起世界上的富人，猶太人是當之無愧。猶太人在歐洲、美洲、亞洲……，到處都有龐大的財產，按這些財產來收稅必然是一筆可觀的數目。好奇的讀者一定會問：「猶太人是不是也逃稅漏稅？」這句話要是被猶太人聽見了，他們一定會認爲這是對他們的侮辱。他們又有一句經商格言是——「絕不漏稅」。

那麼，爲什麼猶太人擁有世界上最多的財富，卻比世界上任何一個國家的商人都重視繳稅呢？原來，猶太人有一套他們自己的觀點，他們認爲，納稅是和國家簽訂的「契約」，不論發生任何問題，都要履行契約。誰逃稅，誰就是違背了和國家所簽的契約。而違背「神聖」的契約，對猶太人來說是不可容忍的。

猶太民族是個流浪的民族，沒有國家這個根，走到哪兒都要受人欺侮。受迫害的猶太人必須處處小心保護自己。他們保證向國家納稅，無疑是爲自己取得居住國國籍、受人尊重而繳的學費。幾百年來，他們能在別的國家長期居住下去，並且賺得比本國國民更多的金錢，這其中的一部分功勞，要歸於「絕不漏稅」帶來的效應。

但是，猶太人「絕不漏稅」，並不意味著他們輕易地就繳出不必要的稅款。

也就是說，他們絕對不會被人任意徵稅的。這是由他們精明的經商頭腦決定的。猶太商人在做一筆生意之前，總是要首先經過仔細考慮，是否划得來，先大概算出除去稅金以外，他們能獲得多少純利潤。一般商人在算利潤時，總是把稅金算在裡面。例如，一個中國人說他獲利三十萬，那其中一定包括稅金在內。而猶太人的利潤則是除掉稅金的淨利。「我想在這場交易中，賺十萬美元的利潤。」當猶太人這樣說時，他所講的十萬美元利潤中，絕對不包括稅金。那麼如果稅金爲利潤的50%時，猶太人就必須賺取中國人所說的二十萬美元的利潤了。如果說在「絕不漏稅」上，猶太人有股「傻」勁，那麼計算除去稅金的利潤，這實在是太合乎猶太人精打細算的風格了。

其實，說絕不漏稅的猶太人傻，也不合乎道理，現在來看下面這個例子。

某國人到海外旅行，由外地回來時，偷帶鑽石，企圖不透過納稅入境，結果被海關查出扣留，幾乎遭受沒收的損失。猶太人聽到這種情況時，大爲驚奇，何不依法納稅，堂堂正正入境？鑽石的輸出費，一般最多不會超過7%，如果照章納稅，堂堂正正地進入國境，到國內再把鑽石賣出時，只要設法提價7%就可以了，這樣簡單的數學計算誰不會，可見，猶太人的依法納稅實在是一個明智之舉。

事實上，猶太人表現出來的並不僅僅是明智。因爲他們也知道，依法納稅而不漏稅，這也需要一筆很大的稅款。要是可能，誰不願意自己多賺點錢。

少繳點稅。爲了減輕「稅金」，猶太人不像一般「聰明」人那樣去逃稅，而是想出其他絕妙的爲自己減稅的辦法。

由於猶太商人的歷史文化傳承，使得猶太商人在經營中，有這樣一些道德準則。比如說重視群體，給予其他猶太人可能的幫助，樂於公益慈善事業等。

全球二千六百多萬猶太人，雖然不是個個都是富翁，但是至少你不會見到有流落街頭、靠乞討爲生的猶太人。只要你是猶太人，哪怕身無分文來到異國他鄉，只要當地有猶太人組織，只要你找到他們，你的吃飯住宿問題就立刻會得到解決。然而，猶太人幫助他人並不是簡單的救濟。猶太人的精明之處在於，他們很快就會找一個願意幫助落難者的猶太商人。這個商人怎麼幫助自己的同胞呢？他的方法很妙，假如這是一個鞋商，他就對落難的同胞說，我的鞋店目前只在西邊發展，這座城市的東面還沒有分店，你就到東面開分店吧，我借錢給你去租店鋪，貨我也先提供給你，等你賣掉了鞋，賺到了錢再連本帶利還給我。

你站住腳了（這應該沒問題，我會幫你站住腳），我就是你的長期供應商。這種幫助人的方法是精明的，也只有猶太人能將它作爲一個傳統長期堅持不懈。即使在幫助落難同胞時，他們也會動起腦筋來怎樣既幫助了同胞，又幫助了自己。這樣一來，猶太人不但幫助了落難者自立，同時又擴張了自己的生意。也正因爲這種幫助人的模式，對提供幫助者本身是有利的，所以這種慈善行爲才能長期持久地延續下來。

我們可以看到，在現代的經營活動中，商業倫理是一個越來越被提及和重視的詞句，因爲隨著社會經濟文化的發展，社會對於企業和經營的期望提升，也許僅僅只是達到法律的標準已不被社會所認可，也已經不能達到經營中所追求的利益。那麼，在合法經營謀求利益和商業倫理之間，又怎樣來平衡呢？

讓我們先來看看學術界對於這個問題的探討。

經濟倫理在西方是一個意義相當廣泛的用語，泛指人類經濟活動的一切倫理道德方面，其範圍涵蓋了生產、分配、交換與消費這一經濟運作的全部過程，其問題既涉及微觀層面—從事經濟活動的個人，更涉及縱觀的企業組織和宏觀的政治經濟體制。西方對經濟倫理的關注，從一開始就沒有局限於純理論層面，而是面向實踐，試圖把握、分析和解決經濟活動中現實的倫理道德問題，進而提高經濟決策和行動的倫理質量。

現代西方經濟倫理運動發端於二十世紀六〇年代，當時一些企業在生產經營活動中肆意污染環境、忽視安全生產、銷售不合格產品，這些不道德行爲經媒體曝光後，引起了公眾的強烈迴響，並在全社會引發了一場保護消費者權益運動。這一運動和當時興起的民權運動、女權主義運動、環境保護運動等遙相呼應，極大地喚醒了社會公眾的權利意識，動搖了他們對所謂合道德性的信念。

六、七〇年代爆發的形形色色的企業醜聞，也引起了學術界的廣泛關注，特別是在水門事件後，華爾街的非法股票交易和一些大企業的非法政治捐款，甚至向政府工作人員行賄等愈演愈烈，這促使學者們思考一些重大的經濟倫理問題，如經濟活動的道德內涵、經濟立法的道德基礎、企業的社會責任與道德地位、計畫經濟與市場經濟的倫理辯護、利潤最大化原則的合理性及其限度、價值觀念和道德風氣在經濟發展中的作用等。

對這些問題的探討，使許多長期占統治地位的觀念受到挑戰，如關於經濟與道德無關、經濟活動只遵循弱肉強食的「叢林法則」的觀念，關於法律和市場萬能的觀念，關於企業只對其所有者和投資者負責，而不是對其所有的利害相關者負責的觀念，關於經濟學研究要保持價值中立的觀念。

在八、九〇年代，經濟倫理學逐漸發展成爲一門學科，一九九七年，著名的布萊克威爾出版公司出版了《經濟倫理學百科辭典》，標誌著經濟倫理學成爲學術界公認的、相對獨立的研究領域。對經濟倫理問題的討論，不僅改變了傳統倫理學的問題領域，而且對主流經濟學也產生了很大的觸動。

在西方經濟倫理運動的演進過程中，企業界無疑扮演了核心的角色。二十世紀八〇年代，大多數西方企業開始明確企業的價值觀、信條和使命，制訂企業經營管理守則和行爲規範，對企業管理人員和一般員工進行倫理道德培訓，建立企業倫理官員和倫理辦公室制度。一九八八年，由各大公司總裁組成的美國企業圓桌委員會，把企業良好的倫理道德風氣看做是首要的企業資產，並以此促進美國企業界的觀念變革。

進入九〇年代之後，西方一些著名的大企業——包括波音、摩托羅拉、惠普、殼牌、賓士、菲利浦等，都花大力氣進行企業倫理建設。一九九四年，歐美日三方企業界領袖在瑞士通過了「康克斯圓桌委員會商務原則」，呼籲全球企業—特別是跨國公司—本著「共生」和「人類尊嚴」的理念，處理好企業與其雇員、客戶、競爭對手、所有人或投資者、供應商以及所在社區的關係，積極承擔相應的責任，而不能僅僅依靠法律和市場的力量去規範企業活動。這一原則，爲企業經營管理提供了倫理道德上的重要參考。

近年來，西方各國的政府和民間機構，在推動經濟倫理建設方面，也發揮了重要的作用。一些民間組織—如美國的倫理資源中心、歐洲經濟倫理網路、英國的威爾斯親王企業領袖論壇、瑞士的達沃斯世界經濟論壇—則經常就一些經濟倫理問題，進行全方位、多層次的討論，使經濟倫理運動不斷向縱深發展。

其實，在對待這個問題上，猶太商人自古就有他們自己的一套理念和處世哲學，這與我們現在提倡的企業倫理經營，在某些地方有著共通之處。在他們看來，講求經營中的誠信，是爲以後的經營活動贏得資本。以謀求以後的生存和更大的發展。在他們看來，以善爲本是經營中一大要則。本書所介紹的眾多猶太巨商的成功歷程，也許大家都會注意到，他們有一個共同舉措，即在發財致富中，注重解囊做各種善事和公益事業。

猶太商人如此樂於做善事，其實也是一種生意經。他們大量的捐資，爲所在地興辦公益事業，會贏得當地政府的好感，對他們開展各種經營十分有利。有些猶太富商由於對所在國的公益事業有重大義舉，獲得了國王的封爵，如羅思柴爾德家族，有人被英王授予勳爵爵位；有些猶太商人還獲得當地政府給予優惠條件，開發房地產、礦山，修建鐵路等，賺錢的道路從中得到擴寬。

猶太商人熱心捐款辦公益事業，除了民族的道德傳統以外，這還是一種行銷策略，爲企業提高知名度、擴大影響、博取消費者的好感，起到重大作用，對企業鞏固已占有市場及今後擴大市場占有率將會產生作用。這種行銷策略已廣爲人知和廣爲企業所應用，猶太商人高明之處，在於一百多年前已率先採用。

此外，猶太商人的經營策略，把「以善爲本」作爲一項重要內容，除了與其民族的歷史背景有關外，也是一種促銷的好辦法。人是群居動物，人與人關係的運用，對事業的影響很大，政治家因得人而昌、因失人而亡。企業家因供應的商品或服務爲人所歡迎而發財。可見，一切都離不開人。

猶太商人明白這個道理，在一切經營活動中，與人爲善，把人與人的關係處理好，成爲他們成功與致富的秘訣。猶太商人的處世之道，是根據人類內心深處所潛藏的欲望予以利用。

他們認爲，人類的內心都有被人注目、受人重視、被人容納的願望。所以，與人相處一定要記住這一點。不管是對長官、同事、下屬或顧客、朋友及家人，要做到讓他們知道你在關心他們的一切願望。要實現這一目的的辦法，是用善意的、親切的、溫和的態度與人交往。那麼，對方也會以此相報，這豈不是達到了和諧相處嗎？有了和諧相處的環境和氣氛，相互之間就好商量和合作，做生意的條件也容易達成，這就是和氣生財的道理所在。

猶太商人還認爲，不能與人和諧相處，不能容納別人的缺點和短處，是一個人──乃至一個企業──失敗的根源。你以蔑視無情的態度對人，即使對方不是與你針鋒相對，亦會對你敬而遠之。這樣，你會失去支持者或合作者，失去廣大的顧客，你的生意便會成爲無源之水了。

在現代社會的企業經營中，遵守規則，重視倫理道德是社會對於一個企業經營認可的一大標準，也是企業謀求長遠發展必須關注的方面。所以我們說，現代經營進入了一個倫理經營的時代。這也是企業管理的一種軟化趨勢。

倫理經營，即符合社會倫理文化地從事企業各項活動。

用心理暗示術，牽著顧客的鼻子走

憑藉「心理暗示術」，來實現自己推銷產品的目的，可以說是猶太人的一個特長，因爲他們明白暗示的最大好處在於，暗示者不需要允諾任何承諾，而受暗示者就可能做出種種「投己所好」的允諾。但既然是自己說出話來，事後就只能怪自己話語太多，而與暗示者毫不相干。

這種暗示戰術，猶太人對此有過一則笑話：

沃爾夫森是一個移居美國的猶太人百貨商的兒子，在二十世紀五、六〇年代時，被譽爲金融奇才。他從負債經營開始創立了自己的實業道路。他向人借了一萬美元，買了一家廢鐵加工場，將之變成了一個贏利很高的企業。剛過二十八歲的沃爾夫森，財產一下突破了百萬美元的大關。

一九四九年，沃爾夫森以二百一十萬美元的價格，買下了首都運輸公司，這是設在美國首都華盛頓特區的一套地面運輸系統。沃爾夫森有能力把虧損的企業提成高贏利的企業，這是大家都知道的。但這一次，還沒來得及做到這一點，沃爾夫森就公開宣布，公司將要增發紅利。諸如此類的手法，本身並沒有特別出奇的地方，只是沃爾夫森發放的紅利，超過公司這一段時間裡的贏利。這等於說，他以貼出公司資產的辦法，來人爲製造企業高贏利的假象，藉此策動人心，讓公眾產生對該企業的過高期望。

果然，首都運輸公司的股票在證券市場被大家看好，價格一路上漲，趁此機會，沃爾夫森將其手中的股份全部拋出，僅此一舉贏利竟達六倍。

沃爾夫森的實業王國，當然不是完全靠策動人心建立起來的，但也不可否認，策動人心確實加快了其形成的過程。

每個人都有一道心理防線

在他神智清晰的時候，職業刺探者也束手無策。

「怎麼辦？」

「將他擊昏。」心理學家的回答肯定讓你吃驚不小。

事實上，並非眞正去把消費者打昏，而是對他們進行心理催眠，讓他們「神智不清」，甚至「休克」過去。

催眠的方法很多，暗示是其中較爲有效的一種。暗示過程實際上是使人不發動自己的判斷力，陷入某種精神狀態（頭腦不思維）或採取某種行動（潛意識的行動）。

催眠可以強化回憶的能力，使人想起意識很久的往事。例如，一位男士經過催眠之後，竟能將二十年前的汽車廣告詞一字不漏地講出來。

例如，一家電影院在放映過程中，突然插入了一段霜淇淋廣告，時間很短，一晃而過，觀眾還沒有意識到是怎麼回事時，廣告已經消失。但在潛意識之中卻留下深刻印象。看完電影之後，大家都到劇院門外的售貨亭買霜淇淋，效果極佳。這則廣告對於人們的購買行動起到了暗示作用。

可口可樂公司也用過這一種方法，結果發現，電影院旁的可口可樂的銷售量提高了18％。

每一個人都很容易受到暗示的影響。例如，消費者看到維他命的廣告詞「疲倦是疾病的開始」，就會受到「我是不是病了」的暗示，於是就感到愈來愈疲倦，只好遵從廣告宣傳，服用那種維他命，疲勞就自然消失。

也許消費者根本就沒有疲倦，只是由於暗示的影響而產生了這種幻覺。

哪些人更容易受暗示影響？女性容易受到暗示的影響，男性一般比較理性，不易受影響。

所以，以女性為對象的商品，利用這種暗示效果一定不凡，如「烏溜溜的秀髮誰不愛」（洗髮精）、「讓妳提前下班」（化妝品）。一句「味道好極了」（雀巢咖啡），更是讓國人皆大歡喜。

按年齡來說，年輕人較易受到暗示的影響，特別是兒童。

某家食品公司印製了一些兒童玩具畫冊，與一般畫冊一樣，只是在每頁的左下角若無其事地印有自己的商標圖案，這些圖案，在幼兒的腦海中留下深刻的商標印象。兒時的記憶對於將來的購買行為會產生一定的影響。其他如贈送有商標的汽球、廣告兒歌等。一些開發兒童智力的產品，對孩子及其父母都有一定的暗示。下次見到商品時，會有購買的衝動。

暗示需要講究策略

暗示過程一般分兩個階段：首先，使消費者產生一種想法，然後在想法的基礎上採取行動。針對不同的商品、不同的人採取不同的策略。

例如我們常見的一種名叫命令性策略的暗示。這種策略將內容和目的直接告訴對方，使他們有危機感存在，迫使自己果敢行動。如「數量有限，欲購從速」、「清倉大拍賣」、「緊急行動，除夕大贈送」、以及「跳樓」、「大失血」之類的廣告語。

命令性策略要求暗示語言精練。現代生活節奏緊張，消費者沒有過多的時間去思考爲什麼拍賣，因此，這種暗示會條件反射地引起消費者的興趣，「跳樓大拍賣」會使消費者想到降價拍賣，於是消費者就產生了一種購買欲望。

別出心裁的經商意識很重要

在猶太商人看來，商戰的手段千千萬萬，但所有的大成就都是靠超人的膽魄而取得的，世界聞名的飛機大王休斯，就是以他超人的膽略，使自己的夢想得以實現的。

一九六六年六月，美國的無人太空船首次登月，世人爲之譁然。登月是人類從古至今的神話，如今得以實現。這艘太空船的製造者，就是休斯飛機製造公司。

霍華德·休斯的名字就像華盛頓、林肯一樣在美國家喻戶曉。因爲他是美國少有的享有世界聲望的富豪，在美國人心目中他是英雄。他的一生可謂轟轟烈烈，充滿了冒險和刺激。他的資產有二十五億美元，到了晚年，卻隱居世外，行蹤莫測，不再公開露面。

一九〇五年十二月二十四日，霍華德·休斯出生於美國休士頓，他的父親是個石油投機商。

休斯十六歲時，他的母親因一次醫療事故而不幸去世。兩年後，老休斯也去世了，他留下的資產約合七十五萬美元。

年僅十八歲的休斯，在他父親去世四個月後取得了銀行的貸款，用現金買下了親友們所繼承的那部分遺產，成了休斯公司唯一的主人，並繼任公司的董事長。

年輕的休斯對電影很有興趣，可是他最初踏入電影界就出師不利，而這使他更爲執著。

霍華德·休斯酷愛駕駛飛機。有一次，當他駕著單人操縱的私人飛機在空中翱翔時突發奇想：拍一部表現空戰的片子，不是會很受歡迎嗎？他想到一九一八年第一次世界大戰中，英國空軍中校達寧率領數架索匹茲駱駝號戰鬥機，從戰艦上起飛，轟炸德軍東得倫空軍基地。那是一次極爲成功的越洋轟炸，英軍只損失一架飛機，炸沈了兩艘敵艦和兩艘飛艇。休斯決定將這次空戰搬上銀幕。當時表現空戰的電影特技還未出現，他準備用眞正的飛機，拍一部比實戰還要刺激、還要壯觀的空中大戰片，片名爲《地獄天使》。

爲了拍這部電影，僅飛機使用費他就花了二百一十萬美元，租用數十架飛機，其中有法國的斯巴達戰鬥機、英國的SE5戰鬥機、駱駝號轟炸機、德國的佛克戰鬥機，還有飛行員一百多名，臨時演員二千名；攝影師人數之多，幾乎占好萊塢攝影師總數的一半。美國電影界都爲之驚訝不已。

對飛機非常著迷的休斯，在拍《地獄天使》之後，他曾參加了一次全美短程飛行比賽，休斯以三百零二公里的時速一舉奪冠。可是他並不滿足於這樣的成績，他決心要打破世界紀錄。一九二七年，美國飛行員林白駕機用三十三小時三十分飛越大西洋，整個世界爲之轟動，被美國人稱爲「世紀英雄」。休斯爲了打破林白創下的紀錄，開始致力於新型飛機的研製，他有兩位優秀的飛機設計師：歐提卡克和帕瑪。他們將未來的飛機命名爲Hi。

歐提卡克是一位機械工程師，也熱衷於飛行。歐提卡克對製造新型飛機有許多大膽的構想，對瘋狂地追求速度的休斯來說，他是個不可多得的人才。在那個秘密的飛機製造廠裡，他們不斷改進飛機的外形，選用性能最好的一千匹馬力的普拉特・惠特尼引擎，用了一年零三個月的時間，終於製造出機身長度爲八點二公尺，機翼長七點六公尺的Hi型單翼飛機。由於機身特別短，誰也不知道它能在空中飛多久，試飛人員都不敢駕機試飛，休斯決定親自試飛。

一九三五年九月十二月，一切工作準備妥當時，日已西斜。負責速度測試的裁判技師建議明天再飛。因爲現在接近黃昏，飛行逆光刺眼，怕出問題。休斯卻等不及了，他早已穿上飛行服，跳進機艙，啓動了飛機引擎。飛機緩緩飛上了藍天。

第一次測試速度達到五百五十六公里。裁判技師透過無線電告訴他：這一次不算，因爲違反航空協會的規則，沒有做水平飛行。於是，休斯在空中繞了個圈，又作第二次水平飛行。

「世界紀錄，時速已達五百六十六公里！」裁判的叫聲透過耳機傳來。

興奮不已的休斯沒有立刻降落，繼續飛，還想創造新的世界紀錄。

第三次卻只有五百四十二公里。他不甘心，再飛一次！

「五百六十七公里。」又是一個新的世界紀錄！

休斯仍不願停下，繼續一次次地飛著……突然間，引擎停止了。

他這才發現主油箱的油已經用完了。他連忙去按瞬間補油的按鈕，可是無濟於事，太遲了，發動機已經完全停了下來。

休斯無法再控制飛機，只好以垂直下落的速度向地面衝去。還算幸運的休斯，終於在一片甜菜園裡平安迫降。

就在休斯一次又一次進行冒險飛行的同時，他父親留下的石油鑽井機專利和電影事業，仍在爲他創造源源不斷的財富。沒有人知道他什麼時候對美國環球航空公司的股份發生興趣的，到一九三七年前後，休斯已經擁有這家公司87%的股份。

休斯並沒停止他的冒險飛行，爲了向環球一周飛行紀錄挑戰，他選用並改進了洛克希德公司開發的一種可以乘十二個人的伊列克特拉14型飛機。

一九三八年七月十日，休斯與四名機組人員，駕駛著改裝後的伊列克特拉14型機，從布魯克林的貝內特機場起飛。經過三天又十九小時十七分的長途飛行，休斯的飛機終於飛回美國，回到出發地。布魯克林的貝內特機場早已聚集了二萬五千名群眾，他們來歡迎勝利歸來的世紀英雄休斯。

第二次世界大戰期間，美軍在太平洋戰區收復瓜達康納爾島之後，水上飛機開始大顯身手。

休斯設計的這種型號爲KH1的巨型水上飛機，全長九十七點五公尺，高十五點二公尺，重三百多噸，兩翼安裝八個帶有螺旋槳的普拉特·惠特尼2800型引擎，是有史以來世界上最大的「巨無霸」飛機。

當時，人們對這架巨大的飛機能否飛上天空持懷疑態度，而休斯卻讓事實說話，他成功了。一九四八年四月，休斯親自駕駛著這架巨無霸，風馳電掣般地在海面上衝刺了一段後，穩穩起飛。攝影機爲這個歷史性鏡頭拍下了永久性記憶的照片。美國再次引起轟動，繼環球飛行之後，休斯又一次在美國人心目中樹立了英雄形象。

一九六五年，休斯飛機公司推出八十五磅重的商業通信衛星，該衛星具有六千條線路的往返電話功能，以及十二種彩色電視的機能，從而在歐美大陸之間建立了電視電話網路。

休斯結婚兩次，卻沒有後代。他去世後，休斯飛機公司價值五十二億美元的股權，全部被通用汽車公司收購。這筆巨款歸於休斯飛機公司霍華德·休斯醫學研究財團，該財團因此成爲世界最大的基金財團。

如果不存在突發奇想，也就不存在休斯的翱翔天空。的確，猶太商人那股別出心裁的經商意識，在休斯身上展現的更爲徹底。

明賠暗賺，起死回生

猶太商人聰明絕頂，善於使用明虧暗賺的手法，以此來實現自己的經商目的。

一家叫奧茲莫比的汽車廠，位於美國康乃狄克州的土地上，它的生意曾長期冷淡，工廠有倒閉的跡象。該廠總裁決定從推銷著手，擺脫面臨的危機。

商戰變幻莫測，要善於調整，這種調整旨在贏利，但爲了贏利，吃些小虧理所當然。採用什麼樣的推銷方法更有效呢？

總裁猶太商人卡特對該廠的情況進行了反覆認眞的思考，針對存在的問題，對競爭對手以及其他商品的推銷術，認眞地進行了比較分析，最後博取眾人之長，大膽設計了「買一送一」的推銷手法。該廠因爲積壓了一批轎車，不能及時出手，資金也沒法收回，倉租利息卻處於上揚趨勢。所以廣告中就聲明，誰買一輛「托羅納多」牌轎車，誰就可以同時得到一輛「南方」牌轎車。

買一送一的推銷方法，由來已久，使用廣泛。但一般做法就是免費贈送一些小額商品。如買電視機，送一個小玩具；買錄影機，送一盒錄影帶等。這種給顧客一點小恩惠的推銷方式，確能起到很大的促銷作用。但時間一久，使用者多了，消費者也慢慢不感興趣了。給顧客送禮給回扣的做法，也是個推銷老辦法，但同樣地，所送禮品的價值或回扣數目一般都較小，不可能起到引起消費者振動的效果。

奧茲莫比汽車廠對各種推銷方法的長處相容並蓄，盡可能克服因方法陳舊使消費者麻木遲鈍的缺點，大膽推出買一輛轎車便送一輛轎車的出眾辦法，果然一鳴驚人，使很多對廣告習以爲常的人爲之刮目。許多人聞訊後，不辭遠途也要來看個究竟。該廠的經銷部一下子門庭若市。過去無人問津的積壓轎車，果眞被人們競相採購，該廠如廣告所說實現了承諾，免費附贈一輛嶄新的「南方」牌轎車。

奧茲莫比汽車廠這種銷售方法，等於每輛轎車少賺了五千美元，虧了血本嗎？沒有，不但沒有虧本，汽車廠還因此獲得了多種好處。因爲這些車如果積壓一年賣不掉，每輛車至少要損失利息和倉租以及保養費約等於這個數目。

而如此一來，車兜售一空，資金迅速回籠，擴大再生產的能力；「托羅納多」牌轎車的消費者增多，名聲大振，市場占有比率加大；一個新的牌子「南方」牌被引了出來，這一低檔轎車以「贈品」問世，最後開始獨立行銷……，奧茲莫比汽車廠從此起死回生，蒸蒸日上。

做別人不敢做的生意

猶太人最推崇什麼樣的商人呢？調查表明，他們對敢於做出驚人的投資策略的商人最爲崇拜，因爲這些人最能反映猶太民族「膽大心細，迅速出手」的投資水準，即看準了就大把撒錢。

美國金融巨子摩根，就是敢於做出驚人投資策略的一個典型的猶太商人，有人開玩笑地稱：「只要摩根開始了自己的工作，就相當於印鈔機在飛速運轉，因爲他的腦子中的投資的概念已經完全成熟了。」

十九世紀末，鐵路運輸是支撐美國產業界運輸體系的台柱，但就像一盤散沙似的各段鐵路，並不能完成這項重任。要想把分散鐵路聯成一體，組成一個鐵路網路，仍要在鐵路方面投入高額資金。這樣，鐵路依賴投資銀行的程度就表現得相當突出。隨著生產力的發展，企業社會化程度越來越高，各公司的拆散、合併也越加頻繁，借貸的資金額也就越來越大。這就要求投資銀行不僅有雄厚的財產做後盾，更要有很高的信譽。在這種青黃不接的形勢下，摩根創立的銀行辛迪加，成爲新時期銀行投資業的榜樣。眾多破產的公司企業面對美國的經濟危機，把希望寄託在摩根身上，希望他能夠收購他們的公司，成爲他們的救世主，給他們的公司以新生。

在此等危難之時，摩根力挽狂瀾，扶大廈於將傾，他操起手術刀，向鐵路業大動手術。他這次採取的是「高價買下」戰略。無論是西部鐵路，還是那些早已不符合當今發展要求的鐵路，他都要全部買下，以便能迅速整頓美國鐵路。

摩根的高價購買鐵路策略，有人稱之爲「托拉斯計畫」，這正是反映摩根策略威力之處。摩根此次的大量投資，不是投機，而是爲了促進鐵路發展。這次之所以開出了打敗所有競爭對手的價格，也是出於他並不想靠這次投資獲利。另外，如果鐵路產業經濟的支柱被別人占領，那麼他在金融界剛剛奪得的霸主地位，將會變成空談。只爲此，他就值得一搏。摩根對鐵路的這次大整頓，標誌著美國經濟從開發的初始階段，轉入現代的重視經營管理階段，從根本上改變了美國傳統的經營戰略與思想。他的成功，給美國經濟的發展方向帶來的重大影響。在華爾街則更是如此，他的經營思想與管理方式成爲華爾街紛紛仿效的對象，至今還影響廣泛。

從「海盜式」經營到形成辛迪加，進而到托拉斯，華爾街已從過去投機商的天地，轉變成爲美國的經濟中心。華爾街後來成爲美國經濟的發展標誌，並問鼎世界金融霸主的地位，摩根的貢獻當然首屈一指。

透過摩根，我們發現，猶太人在投資方面充滿著風險與機會，他們甘願嘗試在風險中賺錢，也絕不輕易地擺脫自己的風險。這種「膽大心細，迅速出手」的投資策略，應當是一個優秀商人的基本素質。

機靈人有錢賺

在猶太商人看來，只有機智才能贏得勝利。

有一則講猶太人機智的故事，非常有趣：

有個猶太富翁病入膏肓，死之將至，便口述遺書，讓人執筆代錄：

「我將全部財產留給送遺書給你的忠實奴僕；我兒尤第雅，你可以從我的所有物中選擇一項。」

猶太富翁不久與世長辭，奴隸獲得了財產繼承權，興沖沖將遺書送至拉比手裡，然後與拉比一起去找富翁的兒子。拉比對富翁的兒子尤第雅說：「你父親已將財產送給奴隸，你只能選其中一件東西作爲遺物，你自己隨便選擇吧！」

尤第雅不假思索地說：「我選擇這個奴隸。」

尤第雅就這樣既擁有了奴隸，又擁有了全部財產的繼承權。

這個富翁聰明過人，他臨死時兒子不在身邊，便出此妙計，否則奴隸會非法占有財產而不通知他的兒子。眞是有其父必有其子，他的兒子也是絕頂聰明。

保守秘密是值得依賴的試金石，然而，如何來保守秘密卻不是件容易的事情。

常有人從甲處聽來秘密傳給乙，似乎是對乙很信任，其實他已經辜負了甲對他的信任。有位拉比說：「只要秘密仍在你手中，你就是秘密的主人，但當秘密說出來後，你便成了它的奴隸。」上面這個故事，那個臨死的富翁是最機智的人，他不但能保證奴隸將遺書送給兒子，而且還能把自己的財產全部留給兒子而不被奴隸吞掉。同樣地，拉比是機智的，他並沒有直接說出遺囑中暗含的玄機，從而爲富翁保守了秘密，當然，猶太富翁的兒子更是機智無比，聰明絕頂！

回到我們的商業經營當中來，機智更是渡過難關、反敗爲勝、絕處逢生的利器。

還有一個故事是這樣的：

售貨員費爾南多是一個猶太人，一次禮拜五他去了一個小鎮，但由於身無分文而無法食宿，他便找猶太教堂的執事，執事對他說：「禮拜五到這裡的窮人特別多，每家都住滿了，唯有金銀店老闆西梅爾家例外，可是他從不接納客人。」

費爾南多肯定地說：「他肯定會接納我的。」

之後，他就去了西梅爾家，等敲開門後，他神秘兮兮地把西梅爾拉到一旁，從大衣口袋裡取了一個磚頭大小的小包，小聲說：「請問您一下，磚頭大小的黃金值多少錢？」

金銀店老闆眼睛一亮，可是這時已到了安息日，不能繼續談生意了，爲了能做成這筆生意，他便連忙挽留費爾南多在自家住宿，到明天日落後再談。

於是，在整個安息日，費爾南多都受到熱情款待。當週六晚上可以做生意時，西梅爾滿面笑容地催促費爾南多，把「貨」拿出來看看。費爾南多故作驚訝地說：「我哪有什麼金子，只不過是想問一下磚頭大小的黃金值多少錢而已。」

費爾南多的機智，在於巧妙地利用了西梅爾求財心切的心理，而且以錯誤的暗示讓他上當。

還有，在商業活動中，總有被偷或被騙、別人賴帳的時候，讓我們來看看猶太人如何機智地應對這種情況。

有個猶太商人來到一個市場裡做生意，當他得知幾天後這裡的所有商品會大拍賣時，就決定留下來等待，可是，他身上帶了不少金幣，當時又沒有銀行，放在旅店也不安全。

經過反覆思忖，他獨自來到一個無人的地方，就在地裡挖了一個洞，把錢埋藏起來，可是當他次日回到藏錢的地方時，他發現錢已經丟了。他呆呆地愣在那裡，反覆回想藏錢的情景，當時附近沒有一個人啊，他怎麼也想不出錢是怎樣丟的。正當他納悶之際，無意中一甩頭，發現遠處有間屋子，可能是這家屋子的主人正好從牆洞裡看到他埋錢了，然後，將錢挖走。那麼，怎樣才能把錢要回來呢？經過認眞考慮，他去找那屋子的主人，客氣地說道：「您住在城市，頭腦一定很聰明，現在我有一件事想請教您，不知是否可以？」那人熱情地回答說：「當然可以。」

猶太商人接著說道：「我是來這裡做生意的外地人，身上帶了兩個錢袋，一個裝了八百金幣，一個裝了五百金幣，我已把小錢袋悄悄埋在沒人的地方。但不知道這個大錢袋是交給能夠信任的人保管呢，還是繼續埋起來比較安全呢？」

屋子的主人答道：「因爲你是初來乍到，什麼人都不該相信，還是將大錢包一塊埋在藏小錢包的地方吧！」

等猶太商人一走，這個貪心不足的人馬上取出偷來的錢袋，立刻放在原來的地方。這個可把躲藏在附近的猶太商人高興壞了，等那人一走，馬上將錢袋挖了出來，一溜煙跑了。

這個猶太商人能夠將落入別人口袋的東西又拿回來，手段確實高明。因爲他知道，每個人都有貪心，且貪欲無限膨脹，要讓小偷把錢交出來，只能激起其更大的貪心，這個猶太人的機智，就在於巧妙地利用了人的這種心理。

經濟上的借貸行爲，在商人中間再平常不過了，但若問借了錢是債主急，還是債務人急，特別是錢到期不還的時候，猶太人一針見血地指出，肯定是債主，這很符合我們現在的實際。看看那些欠銀行一屁股債的大爺闊少，個個神氣活現，而銀行卻又不敢動他們，深怕他們眞絕了財路，銀行就一個子都收不回。猶太商人可謂深諳其中之道理。不過，對於討債，他們自有高招。

梅思是個服裝商，向布商卡拉批發了一千四百美元的布料，卻一直未結帳。卡拉派人去催了幾次款，梅思若不是避而不見，就是溜掉。寫了幾封信給他，梅思仍然不理不睬，這使卡拉束手無策，乾著急沒辦法。

這時，卡拉的一個猶太朋友給他出了點子：「你不妨寫一封催款信給梅思，讓他儘快還二千美元的債。」

果然，卡拉的信剛發了三天，梅思就回信了，信中說：「卡拉，你這混蛋，是不是腦子出問題了？我明明只批了你一千四百美元的貨，你爲什麼詐我二千美元？隨信寄上一千四百美元，以後再也不和你做生意——要打官司嗎？你輸定了！」

猶太人的這個討債秘方，實際上是一個非常巧妙的攻心戰。本來卡拉處於被動的地位，只要對方躲避他，他就無計可施，打官司又不值得；梅思避不見面的原因，只是想拖一下，並不是想徹底賴帳。現在一千四百美元的債突然變成二千元，這就使梅思只能回話辯解了，否則一旦眞上了法庭，那就得不償失了。這樣，原先主動的梅思就中了猶太人之計，一下子變爲守勢。爲了只能回話，只好還債。

猶太人認爲，商業場上不可能一帆風順，如何擺脫困境，從容應對困境；如何面對危險，機智化解，這對成功商人來說是必備的素質，更何況你不機靈，別人就機靈呢？

當天的事情當天做

猶太人常把積壓「未決」文件的人視作無能之輩。因此，當他們一到辦公室，首先就瞅一眼辦公桌上的文件，以此來斷定那個人的能力如何。

他們認爲，一個不能夠及時處理文件的人，根本就談不上什麼能力，肯定是無能之輩。

這種「攻其一點，不及其餘」的看法似乎有失偏頗，然而，他們卻有他們的說法。因爲猶太人喜歡全面發展的人才，商人不僅要會經商，還應當知識淵博和綜合素質較強，如果缺少這些，是絕對成不了一名好商人，賺不了大錢的。

在猶太人的辦公桌上，你看不見「未決」的文件。猶太人有極強的時間觀念，他們絕不浪費時間。辦公桌上的待批文件，可能有極其重要的積壓文件，有時會對重大事情造成影響，是變相地浪費時間。這種積壓文件的做法對猶太人來說，當然是不可取的。對商人來說，這些文件尤其重要。這些文件有商業往來的信件、商業函件等，它可能是提供商業資訊，或是請求商業往來或是有關商品交易等。

每個信件，都包含著一條資訊，給商人提供賺錢機會。如果把這些亟待回答的文件積壓在辦公桌上，過一段時間後再來處理，很可能爲時已晚，因爲對方的時間是寶貴的，當他遲遲等不到消息時，便斷然放棄，另覓合作夥伴去了。如果是這樣，你豈不是白白失去了一個賺錢良機，當你醒悟時，機會已經從自己的手中溜走了。你後悔莫及！猶太人很清楚這點。所以，他們對自己手中的文件都極其重視。

在猶太人的上班時間裡，專門安排了處理文件的時間。他們一般是把上班後大約一個小時的時間，稱爲「第克替特時間」，即處理文件的時間。在這段時間裡，將昨天下班到今天上班之間所接到商業函件的回信，用打字機打好發出去。在這段時間裡，是不讓外人打擾的。這樣才能集中精力處理這些文件，以求高質量、高效率。

一旦有人打擾，速度和效率就會受到影響。所以，在這段時間內，有再重大事情的來訪者，也是無法與主人會晤。對猶太人來說，「現在是『第克替特時間』」這句話，是大家都認可的用語，意思一定要「謝絕會客」。所以，在上班後的第一個小時，你一定別去打擾猶太人辦公。即使去了，那你也會自討沒趣。只有等到「第克替特時間」過後，他們喝完茶時才有可能會見。因爲這時他們才開始正式辦公。

「馬上解決」是猶太人的座右銘。因之，他們非常注重「第克替特時間」。他們認爲，拖延工作是最可恥的事。猶太人不管做什麼事，尤其是處理自己的生意問題時，絕不把問題遺留到明天，即絕不拖延，而是就地解決，按照「每天都有每天的計畫」辦事。

把法律研究徹底

正如猶太商人本身就是從放債和經商中悄然崛起那樣，猶太律師能夠體會法律本質、酷愛公平正義、諳熟財產分布，同樣的，從他們爲倒楣者提供法律服務，幫助同胞們運用法律武器來改變其倒楣命運的同時，增強了自身的能力，徹底改變了自己的悲慘處境。猶太律師躍身而爲律師王國的幸運兒！猶太商人成爲守法商人而舉世聞名。

「股東訴訟」和「人身傷害訴訟」兩種法律事務，由猶太律師開創並發展起來。從法律上來講，「股東訴訟」就是要求公司的經營者，必須向每一個擁有公司產權而又互不聯繫的人，開誠佈公地彙報公司的經營情況；至於說具體要求，則是受到損害的中、小股東向公司或其經營者提出索賠要求。

「人身傷害訴訟」，也就是今天我們說的「保護消費者權益運動」的一部分和前身。從法律上來講，人身傷害訴訟的核心，是要求物品的生產者和服務的提供者對產品和服務負責，承擔由產品和服務所引起的對消費者的一切惡果；而從具體要求上說，就是個體因受產品或服務的損害，而向產品生產者和服務提供者索賠的法律交涉。

股東訴訟和人身傷害訴訟的一個突出的共同點，就是它們都是由弱小而受到損害的個體公民，針對造成損害的法人和機構提出的起訴。這是一場力量懸殊的法庭決鬥，法人和機構不但財大氣粗，而且還可以僱用上百人的大律師團來「圍殲」一個「倒楣鬼」。

在普通人看來，提起訴訟的小人物，純粹是面對一場無望的決鬥，純粹是以卵擊石。但是猶太律師卻不這樣認爲：他們清楚地認識到，隨著人類文明的不斷發展進步，民主、公正、人權這些概念將不斷增加新的涵義和內容，並在經濟生活中得到越來越多的展現。並且，保護消費者和中、小股東，不僅是保障個體權利的法律要求，也是維護經濟秩序和經濟生活正常運行的需要。

因此，無論法人和機構在法律人才、金錢和時間方面占有多大的優勢，也不可怕。反過來，就經濟效益而論，必輸無疑的法人和機構不僅不可怕，而且還十分的可愛，還十分的受歡迎。

因爲猶太律師的商業頭腦早就清楚，只有窮光蛋與窮光蛋的訴訟，才是眞正的「瓦礫堆」，因爲不管哪一方輸贏，誰都拿不出錢來。而受損害的窮光蛋與財大氣粗

的法人或機構打官司，只要損害的事實得到法庭確認，原告索賠的要求得到法庭的支持，窮光蛋便會立刻由法人的賠款而「富裕」起來，損害越是嚴重，勝訴之後，得到的賠款也就越多。鑑於這種情況，猶太律師創造了一種極爲「合理」的收費方式，通常稱爲「成功酬金」或「勝訴酬金」。

這種方式與其他法律服務的計時收費方式不同，接受人身傷害訴訟或股東訴訟委託的律師，只在原告勝訴的情況下才收費，敗訴則一文不取。然而，一經勝訴，律師酬金將高達損害賠償費的20％到30％。

舉一個例子，股東訴訟的老前輩、猶太律師波梅蘭茲，曾接受一些股東的委託，與美國整個投資行業做過一番較量。他向法庭證明所有證券投資公司把管理費用提高了，並迫使他們將其降到應有水準，從而使公眾少支出近四千五百萬美元，反過來，他的事務所獲得酬金爲二百三十萬美元。事實表明，猶太律師的利益與委託人的利益是牢牢綁在一起的。若敗訴，律師等於白忙了一場，做了一次義務勞動，免費服務；勝訴，則共用法人財主敗訴的賠款，且回報率高。說得簡單一些，猶太律師最終是賺「有錢人」的錢。

從這裡，我們又一次領略到了猶太人賺錢時的精明和高明。

猶太人看問題有一種內在的辯證眼光，非常善於從事物變化發展的動態中把握事物。猶太律師也是這樣，他們在接受窮人的委託時，眼睛並沒有只停留在委託人的那個乾癟的口袋上，而是從開始就由訴訟資料中看到被告的那個脹鼓的口袋，在審理結束時，結局會造成口袋的何種變化。說得淺顯一點，他們一開始時就估計出了沒錢人所受損害的法律意義，具有多大的經濟價值。

從根本上講，猶太律師起到的，無非就是這一「法律意義」向「經濟價值」轉化過程中的「仲介」作用，就好像一般商人將物的作用價值轉換成商品的交換價值一樣。對於猶太律師的這本法律生意經，英國的一位經濟學觀察家估計得非常準確，雖然表達得有點誇張意味：貪婪就像飲食，同爲人的本性，而未眞實的或想像的傷害索取賠償如蘋果餡餅，同爲美國的特色，這不是偶然，美國的律師行業獲取巨額營業收入，發明了一種巧妙的推銷手段，也就是成功酬金，這就是用來答謝律師的一塊大肥肉——一般占委託人爭取到的賠償費的30%，如果敗訴，就什麼也得不到了。

美國傳統實業就是這樣。還有什麼比無銷售無佣金更公平的呢？如果你一旦對這一條表示接受，法律就不只意味著最高法院崇高的尊嚴，而且也成爲爆米花或女子髮型一樣，可以用來出售的商品了；那麼，你還能因爲法律從業人員四處叫賣而抱怨嗎……對穩妥的歐洲人來說，似乎難以接受這種觀念，但確實具有積極意義。

當然，即使以法律或正義爲商品，只要是在維護法律、伸張正義的前提下賺的錢，那也是無可厚非的。

最高明的理財是選擇時機投資

猶太商人愛用一個比喻：沒底的水桶去汲水，水並不會完全漏空，至少還可以剩下一些，用那些積存滴水一樣的方法來存錢，同樣有希望變成富翁。這的確是個很好的忠告。

很多人都會爲自己的低收入而抱怨，沒希望成爲富翁的。一旦存在這種想法，假使一個人的收入很多，也永遠不可能成爲富翁。因爲他們根本不把小錢放在眼裡，也不懂得滴水穿石的道理。

聽說愈有錢的人越小氣，而窮人常會窮大方，可是我們應該想到，如果他沒有吝嗇的精神，也就不可能成爲富翁了。抱有「船到橋頭自然直」的得過且過之心來對付自己的財富，是個人理財過程中最普遍的障礙，也是導致有的人面臨退休時，經濟仍無法自立的主要原因。許多人對於理財抱著得過且過的態度，總認爲隨著年紀的增長，財富也會逐漸成長，但是終於警覺到理財的重要性時，才開始想理財，爲時已晚了。

很多年輕人總認爲理財是中年人的事，或有錢人的事，到了老年再理財還不遲。其實，理財致富，與金錢的多寡關聯性很小，而理財與時間長短之關聯性卻相當大。人到了中年面臨退休，手中有點閒錢，才想到要爲自己退休後的經濟來源作準備，此時卻爲時已晚。原因是，時間不夠長，無法讓小錢變大錢，因爲那至少需要二、三十年以上的時間。

十年的時間仍無法使小錢變大錢，可見理財只經過十年的時間是不夠的，非得有更長的時間，才有顯著的效果。既然知道投資理財致富，需要投資在高報酬率的資產，並經過漫長的時間作用，那麼我們應該知道，除了充實投資知識與技能外，更重要的就是即時的理財行動。理財活動應越早開始越好，並培養持之以恆、長期等待的耐心。

今天導致我們理財失敗的原因，是不知如何運用資金，才能達到以錢賺錢、以投資致富的目標。這是我們教育上的缺失，我們的學校教育花大量的時間教給學生謀生技能，以便將來能夠賺錢，但是從不教導學生在賺錢之後如何管錢。大學生練習理財的途徑——投資股票，往往被校方視爲投機、貪婪之道。面對未來財務主導的時代，缺乏以錢賺錢的正確理財知識，不但侵蝕人們致富之夢想，而且對企業的財務運作與國家的經濟繁榮也有損害。

不要再以未來價格走勢不明確爲藉口，延後你的理財計畫，又有誰能事前知道房地產與股票何時開始上漲呢？每次價格巨幅上漲，人們事後總是悔不當初。價格開始起漲前，沒有任何徵兆，也沒有人會敲鑼打鼓來通知你。對於這種短期無法預測，長期具有高預期報酬率之投資，最安全的投資策略是：「先投資後再等待機會，而不是等待機會再投資。」

人人都說投資理財不容易，必須懂得掌握時機，還要具備財務知識，總之，要萬事俱全才能開始投資理財，這樣的理財才能成功。事實上並不盡然，其實，許多平凡人都能夠靠理財致富，投資理財與你的學問、智慧、技術、預測能力無關，也和你所下的工夫不相干。歸根結底，完全看你是不是做到投資理財該做的事。

做對的人不一定很有學問，做對的人也不一定懂得技術，他可能很平凡，卻能致富，這就是投資理財的特色。一個人只要做得對，他不但可以利用投資而成爲富人，而且過程也會輕鬆愉快。因此，投資理財不需要天才，不需要什麼專門知識，只要肯運用常識，並能身體力行，必有所成。因此，投資人根本不需要依賴專家，只要擁有正確的理財觀，你可能比專家賺得更多。

投資理財沒什麼技巧，最重要的是觀念，觀念正確就會贏。每一個理財致富的人，只不過是養成一般人不喜歡且無法做到的習慣而已。你是否知道理財可以創造財富且可以致富？如果你知道，你是否眞的去嘗試過？從另一個角度來看，其實投資理財是一件相當困難的事。它之所以困難，倒不是由於需要高深的學問，而是投資人必須經常做一些與自己的習慣背道而馳的事。這對大多數的人人來說，並非易事。

卡內基在創業中，經過不斷地擴張、吞併，建立起了屬於自己的石油王國。當別人問他，創業的秘訣是什麼時，他毫不猶豫地說：「那就是不斷地實現自我價值，追逐生意上利潤的多少則是其次的。」這種價值的取向，對管理者來說十分重要。盈虧的漲落對於股市行情的報導評價是必要的，但對於某個專案來說並非至關重要。尤其對私人公司來說，更是如此。錢多並不能眞正說明什麼。著名的美國通用汽車製造公司的高級專家赫特，曾說過這樣一段耐人尋味的話：「在私人公司裡，追求利潤並不是主要目的，重要的是把手中的錢如何靈活運用。」

有一則勸人善加理財的故事，其所敘述的是一個大地主，有一天將他的財產託付給三位僕人保管與運用。他給了第一位僕人五份金錢，第二位僕人二份金錢，第三個僕人一份金錢。地主告訴他們，要好好珍惜並善加管理自己的財富，等到一年後再看他們是如何處理錢財的。第一位僕人拿到這筆錢後做了各種投資；第二位僕人則買下原料，製造商品出售；第三位僕人爲了安全起見，將他的錢埋在樹下。

一年後，地主召回三位僕人檢視成果，第一位及第二位僕人所管理的財富皆增加了一倍，地主甚感欣慰。唯有第三位僕人的金錢絲毫未增加，他向主人解釋說：「唯恐運用失當而遭到損失，所以將錢存在安全的地方，今天將它原封不動奉還。」

地主聽了大怒，並罵道：「你這愚蠢的僕人，竟不好好利用你的財富。」

聖經中的例子，第三位僕人受到責備，不是由於他亂用金錢，也不是因爲投資失敗遭受損失，而是因爲他把錢存在安全的地方，根本未好好利用金錢。錢存在銀行是當今國人投資理財最普遍的途徑，同時也是國人理財所犯的最大錯誤。因此，本書在此要提供給讀者，第一個也是最重要的理財守則是：錢不要存在銀行。

多數人認爲錢存在銀行能賺取利息，能享受到複利，這樣就算是對金錢有了妥善的安排，已經盡到理財的責任。事實上，利息在通貨膨脹的侵蝕下，實質報酬率接近於零，等於沒有理財，因此，錢存在銀行等於是沒有理財。

每一個人最後能擁有多少財富，難以事先預測，唯一能確定的是，將錢存在銀行而想致富，難如登天，試問：「你曾否聽說有單靠銀行存款而致富的人？」將所有積蓄都存在銀行的人，到了年老時不但無法致富，常常連財務自主的水準都無法達到，這種例子時有所聞。選擇以銀行存款作爲理財方式的人，其著眼點不外乎是爲了安全，但「錢存在銀行短期是最安全，但長期卻是最危險的理財方式。」

貧窮人認爲富人之所以致富，是因爲富人運氣好，或者從事不正當或違法的行業。而正確的看法應當是將富人致富的原因，歸於富人較我們努力或者較我們克勤克儉。但這些人怎麼也想不到，眞正造成他們財富不濟的，是他們的理財習慣。窮人與富人的理財方式肯定不同，富人的財產以房地產、股票的方式存放，窮人的財產以儲蓄爲存放形式。

在猶太商人看來，投資人想躋身於理財致富之林，要能在思考模式上擺脫傳統思考。

有一個成年人不知怎麼騎腳踏車，他看到一位小孩在騎車，就羨慕地抱怨說：「小孩子身手敏捷才會騎車。」沒想到小孩子反駁道：「不一定要身手敏捷才會騎車」，於是小孩子便教會了成年人騎車。當成年人愉快地與這小孩道別後，又習慣性地推著車走路回家，這就是傳統習慣的力量，這位成年人擺脫不了。

猶太人經商動力探析

猶太人的長期經商傳統，使他們不可能鄙視錢，因爲儘管錢在別人那裡只是媒介和手段，但在商人那裡，錢永遠是每次商業活動的最終爭取目標，也是其成敗的最終顯示。

猶太人的長期流散，也使他們不可能鄙視錢，因爲每當形勢緊張，他們重新踏上出走之路時，錢是最便於他們攜帶的東西，也是他們保證自己旅途中生存的最重要手段。

猶太人的宗教異端身分，也使他們不可能鄙視錢，因爲錢沒有氣味、沒有色彩，是猶太人在與其他宗教教徒打交道時，唯一不具異端色彩的東西。

猶太人的寄居地位，也使他們不可能鄙視錢，因爲他們原來就是用錢才買下了在一個國家中的生存權利。猶太人繳納的人頭稅和其他特別稅，名堂之多、稅額之重，也是絕無僅有的。「猶太人若非自己在財政方面的效用，早就被消滅殆盡了」，這是猶太人與非猶太人之間不多的幾個共識之一。

猶太人的四散分布，也使他們不可能鄙視錢，因爲錢是他們相互之間彼此救濟的最方便形式。所以，錢對猶太人來說，絕不僅止於財富的意義。錢居於生死之間、居於他們生活的中心地位。這樣的錢即使仍未受到崇拜，也必定已具有某種「準神聖性質」：錢本來就是爲應付那些最好不要發生的事件而準備的，錢的存在，意味著這些事件的沒有發生，錢越多，也許意味著發生的可能性越小。所以，賺錢、存錢並不是爲了滿足直接的需要，而是爲了滿足對這種安全之象徵的需要！至今在猶太人家庭中還有一種習慣——留給子女的財產，至少不應該比自己繼承到的財產少，這樣的心願在猶太商人家庭中尤其強烈。

所有這一切表明，在其他民族對錢還抱有一種莫名的憎惡甚或恐懼之時，猶太人在錢這一方面，已經完成文化學而不是經濟學意義上的劃時代的跨越：錢已經成爲一種獨立的尺度，一種不以其他尺度爲基準，而相反地可以凌駕於別的尺度之上的對象。

作爲一種文化現象，貨幣經濟的發展，必然導向這樣一個使錢成爲一切尺度之尺度的階段。人與人的接觸，越來越多地發生於市場氛圍之中，人與人的交往，越來越如同陌生人——市場情境天然地就應該是「陌生人情境」，因爲貨幣的溝通和媒介作用，只有在陌生人情境中才有眞正的意義——的交往。而這種市場氛圍中的匿名交往，越來越使人們相互之間的關注點，轉向對方具有多大的市場價值，也就是擁有多大的購買力，或者乾脆說，會掏出多少錢！原先不確定的人的身價，現在有了精確的數量標誌：與他口袋裡的錢的數額相等，或者更直接些，和他可以爲我的口袋增加的錢的數額相等。市場在無情斬斷人與人之間的一切原始性紐帶的同時，也掏空了一切原初性價值觀念的現實基礎。自然經濟條件下神的頤指氣使，換成了市場經濟體制下錢的頤指氣使。

錢代替了神，或者錢成了神。

錢的這一神聖地位，的確對於資本的發生、形成、累積和增殖，有著至關重要的意義。

一方面，賺錢行爲或日後的資本主義經營行爲，現在成了一種自足的行爲，能否賺錢，成爲決定一切行爲之正當性的終極尺度，一切價值、觀念、規範和活動樣式，皆必須由錢上面獲得自己的合法性成爲正統性，就像自然經濟下，它們由神的旨意而獲得合法性一樣。這樣一種人類狀況的確立，爲商業化的大潮席捲一切領域，開啓了閘門，從而使幾乎一切人類事物紛紛墜落到商品的大海。它們原先的神聖性，不管是宗教的、倫理的、美學的、情感的，還是其他的，都不復存在，或者說仍然存在，但都清一色地抹上了一層金黃色、銅綠色或者至少是浮水印痕跡。

大家知道，猶太人在生活上的禁忌之多、之嚴，是各民族中不多見的，而且還能在兩千多年中一以貫之，至今仍極少改變。但反過來，猶太商人在經營商品時的百無禁忌，也是各民族中少見的，現代世界的許多原來的非商業性領域，大都是被猶太商人打破封閉而納人商業世界的。這一點恰恰與猶太商人最早確立錢的「準神聖地位」有關。

另一方面，錢的自足地位的確立，使得錢的歷史發展邏輯，自然地轉變為人的思維邏輯，錢的自發發展的動因，轉化成人類制度性建設的動機。在錢的無聲而無上的指令下，一切有利於資本發生、形成、發展、增值的設制、機制和構件，都自動地建立了起來。世界市場的開拓、經濟秩序的確立、金融作用的實現、政治權力的駕馭以及種種觀念規範和商業運作介體，都有條不紊地一個個出現，而在這現代資本主義大廈的建築工地上，最為忙碌、貢獻最大的人群之一又是猶太商人。在不同歷史時期，確有不同民族的商人出現在人類經濟發展的關鍵地段，而猶太商人在確立錢的「準神聖地位」上先行了一步，卻就此成了資本主義進軍的先驅，成了名副其實的「資本家的原型」。

國家圖書館出版品預行編目資料
明賠暗賺：追求財富的贏家／韋恩著. -- 1 版. --
新北市：華夏出版有限公司, 2022.12
面； 公分. --（Sunny 文庫：273）
ISBN 978-626-7134-57-3（平裝）
1.CST：企業管理 2.CST：成功法 3.CST：猶太民族

494 111014499

Sunny 文庫 273
明賠暗賺：追求財富的贏家

著 作 韋恩
印 刷 百通科技股份有限公司
電話：02-86926066 傳真：02-86926016
出 版 華夏出版有限公司
220 新北市板橋區縣民大道 3 段 93 巷 30 弄 25 號 1 樓
電話：02-32343788 傳真：02-22234544
E-mail： pftwsdom@ms7.hinet.net
總 經 銷 貿騰發賣股份有限公司
新北市 235 中和區立德街 136 號 6 樓
電話：02-82275988 傳真：02-82275989
網址：www.namode.com
版 次 2022 年 12 月 1 版
特 價 新台幣 320 元（缺頁或破損的書，請寄回更換）

ISBN： 978-626-7134-57-3